ONDAS ELETROMAGNÉTICAS

Blucher

Eduardo Chaves Montenegro

ONDAS ELETROMAGNÉTICAS

Conceitos básicos

Ondas eletromagnéticas: conceitos básicos

Publisher Edgard Blücher
Editor Eduardo Blücher
Coordenação editorial Jonatas Eliakim
Produção editorial Catarina Tolentino
Preparação de texto Évia Yashumaru
Diagramação Roberta Pereira de Paula
Revisão de texto MPMB
Capa Laércio Flenic
Imagem da capa iStock photo

Blucher

Rua Pedroso Alvarenga, 1245, 4º andar
04531-934 – São Paulo – SP – Brasil
Tel.: 55 11 3078-5366
contato@blucher.com.br
www.blucher.com.br

Segundo o Novo Acordo Ortográfico, conforme 6. ed. do *Vocabulário Ortográfico da Língua Portuguesa*, Academia Brasileira de Letras, julho de 2021.

Dados Internacionais de Catalogação na Publicação (CIP)
Angélica Ilacqua CRB-8/7057

Montenegro, Eduardo Chaves
Ondas eletromagnéticas / Eduardo Chaves Montenegro. – 1. ed. – São Paulo : Blucher, 2023.
224 p.

Bibliografia
ISBN 978-65-5506-782-8

1. Ondas eletromagnéticas I. Título

23-0645 CDD 539.2

Índices para catálogo sistemático:
1. Ondas eletromagnéticas

À Monica

PREFÁCIO

Este texto tem por objetivo apresentar os conceitos básicos de ondas eletromagnéticas. O texto deve ser considerado de nível intermediário, pressupondo que os leitores tenham cursado disciplinas de eletromagnetismo em nível básico, normalmente oferecidas na maioria das universidades do Brasil para estudantes de Física e Engenharia nos dois primeiros anos após o ingresso. O conteúdo foi planejado para ser exposto em 14 a 16 aulas de duas horas.

Foram quatro as motivações que me levaram a elaborar este texto. A primeira foi organizar um material destinado a alunos do curso de mestrado profissional oferecido para professores pelo Instituto de Física da Universidade Federal do Rio de Janeiro (UFRJ). O perfil destes estudantes recomenda a adoção de uma abordagem que não seja demasiadamente formal, mas que explore ao máximo os aspectos conceituais das ondas eletromagnéticas. Por este motivo, as equações de Maxwell na sua forma integral foram utilizadas sempre que possível, já que o formalismo matemático associado à forma diferencial é pouco explorado nos cursos de licenciatura. Esta abordagem permite que o texto também possa ser adotado em cursos de licenciatura após um curso de eletrodinâmica.

A segunda motivação foi disponibilizar um material que pudesse ampliar conceitos aos professores do curso secundário de modo que, adequadamente adaptados, pudessem ser explorados em sala da aula. Ao contrário do que ocorria no século XX, atualmente somos inundados por equipamentos, tecnologia e terminologia associada à faixa de radiofrequência, principalmente micro-ondas. Terminologias como *Wi-Fi*, *Bluetooth*, cabos coaxiais, fibras ópticas, internet, banda larga, TV digital, forno de micro-ondas, radar etc. tornaram-se familiares até para crianças. Os domicílios, que tempos atrás eram receptores passivos de ondas eletromagnéticas, hoje incorporam todo um ciclo de "vida" dessas ondas, por meio das redes domésticas. Nelas há a geraçãodas ondas pelo transmissor *Wi-Fi* ou *Bluetooth*, a reflexão e refração através de paredes, a difração em portas, paredes e janelas, a inteferência das várias fontes existentes e a recepção nos mais diversos dispositivos. Trazer o eletromagnetismo para o interior dos domicílios é uma oportunidade ímpar para exemplificar conceitos mais abstratos com equipamentos e terminologia familiares. Para isso a faixa de radiofrequência foi mais explorada do que usualmente acontece nos livros didáticos de eletromagnetismo básico.

A terceira motivação foi dar uma visão integrada de tópicos que muitas vezes são apresentados de forma dispersa ou desconectados: a propagação, a geração, a interação com meios materiais e a superposição de várias fontes. A maior parte da literatura destinada ao estudo de ondas eletromagnéticas em cursos básicos limita-se à faixa do visível, ignorando praticamente a região de radiofrequência. Como as fontes de luz visível têm origem quântica, observa-se uma lacuna na formação dos estudantes com respeito a como as ondas são produzidas. Mesmo em cursos de bacharelado em Física, a associação dos potenciais de Liénard-Wiechert e a radiação de cargas aceleradas com as antenas corriqueiramente utilizadas e vistas por toda a parte frequentemente não é feita. Por este motivo, a associação entre óptica e eletromagnetismo feita pelos estudantes é parcial, já que os geradores e receptores das ondas eletromagnéticas no visível estão fora do alcance das equações de Maxwell. Por esta razão procurei dar uma ênfase especial à radiação de cargas aceleradas, associando-a a fenômenos "ópticos" como reflexão, refração, interferência e difração.

Finalmente, minha quarta motivação foi incluir exemplos que não fossem meramente acadêmicos, mas que pudessem dar um pouco mais de informações para os físicos experimentais, e que são via de regra inexplorados em cursos de eletromagnetismo mais formais. Muitos desses exemplos são conceitualmente bem simples, mas encontram-se ou dispersos ou exigem busca em literatura especializada. Isto inclui tópicos como reflexão em cabos coaxiais, casamento de impedância, cavidades ressonantes utilizadas em aceleradores lineares, antenas parabólicas para radioastronomia, degradação de sinais rápidos, entre outros.

O texto é dividido em cinco partes. Na Parte I – *Equações de Maxwell*, é feita uma revisão das equações de Maxwell, das propriedades elétricas e magnéticas dos materiais e das condições de contorno que os campos devem satisfazer nas interfaces. Esta revisão é necessária para os estudantes que ingressam no mestrado profissional. Na Parte II – *Propagação*, é obtida a equação de onda utilizando a forma integral das equações de Maxwell no cabo coaxial, explorando sua simetria cilíndrica. São estudadas a propagação das ondas eletromagnéticas no espaço livre e em meios confinados, como o cabo coaxial e guias de ondas. A Parte III – *Reflexão e Transmissão* é dedicada ao comportamento das ondas decorrente da aplicação das condições de contorno em superfícies e interfaces dielétricas e condutoras. São estudadas a incidência normal e oblíqua em condutores e dielétricos, coeficientes de reflexão e transmissão, casamento de impedâncias e cavidades ressonantes. Na Parte IV – *Geração*, as cargas aceleradas e correntes variando com o tempo são identificadas como fontes das ondas eletromagnéticas e os respectivos campos de radiação obtidos na aproximação não relativística. Ela constitui a base da Parte V – *Superposição*, que trata da superposição do campo de radiação produzido por conjuntos de cargas aceleradas ou correntes variando com o tempo. Dentro desta abordagem são estudadas a reflexão e refração em condutores e dielétricos, a interferência de várias fontes, a difração em obstáculos e fendas, e a polarização das ondas eletromagnéticas.

As figuras foram idealizadas pelo autor e têm propósito meramente ilustrativo. A bibliografia básica utilizada bem como algumas referências específicas são apresentadas no final do texto.

Eduardo Chaves Montenegro

Rio de Janeiro, março de 2022

AGRADECIMENTOS

Agradeço aos meus estimados colegas Carlos Eduardo Magalhães de Aguiar (Universidade Federal do Rio de Janeiro), Hugo Miward Riani de Luna (Universidade Federal do Rio de Janeiro), Vitor Luiz Bastos de Jesus (Instituto Federal de Educação, Ciência e Tecnologia do Rio de Janeiro – Campus Nilópolis) e Lucas Mauricio Sigaud (Universidade Federal Fluminense) pela leitura atenta e detalhada de todos os capítulos do livro em sua versão preliminar. Além do inestimável incentivo, as inúmeras sugestões apontadas tornaram possível o aprimoramento do texto, tanto em clareza quanto em abrangência.

CONTEÚDO

PARTE I
EQUAÇÕES DE MAXWELL

CAPÍTULO I

Equações de Maxwell

LEI DE GAUSS

A lei de Gauss estabelece que cargas elétricas são fontes do campo elétrico e associa o fluxo do campo elétrico em uma superfície fechada arbitrária, com o valor da carga interna, q_{int}, a esta superfície:

$$\oint_S \vec{E} \cdot \hat{n} dA = \frac{q_{int}}{\varepsilon_0}. \tag{I-1}$$

O vetor $\hat{n}$ é unitário, perpendicular a cada ponto da superfície fechada que, por convenção, tem o sentido dirigido para fora da mesma, e ε_0 é a permissividade elétrica do vácuo. A Figura I-1 ilustra a aplicação da Lei de Gauss em três superfícies fechadas imersas no campo elétrico produzido por um dipolo elétrico. Pode-se ver que, para a superfície S_1 que envolve a carga positiva, o produto escalar $\vec{E} \cdot \hat{n}$ é sempre positivo. Assim, todos os termos da soma (integral) são positivos e o resultado é um valor positivo. Para a superfície S_2, o produto escalar $\vec{E} \cdot \hat{n}$ é negativo na parte superior, e na parte inferior ele é positivo. Por não existirem cargas no interior da superfície S_2, a Lei

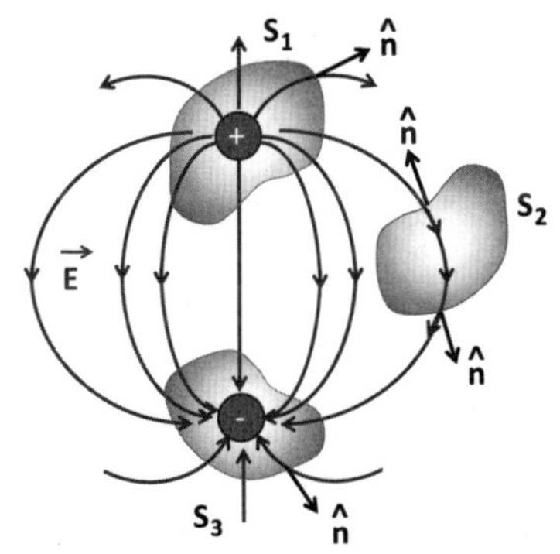

Figura I-1 – Ilustração da Lei de Gauss, com três superfícies gaussianas fechadas com fluxos totais positivo (S_1), negativo (S_3) e zero (S_2).

de Gauss garante que a contribuição positiva se iguale exatamente à contribuição negativa, fornecendo um resultado nulo. Para a superfície S_3, o raciocínio é o mesmo daquele usado para a superfície S_1, mas levando em conta que o produto escalar $\vec{\boldsymbol{E}}\cdot\hat{\boldsymbol{n}}$ agora é sempre negativo, fornecendo um valor negativo para a integral de superfície. As linhas de força do campo elétrico divergem da região onde existem cargas positivas e convergem para a região onde existem cargas negativas.

CAMPO ELÉTRICO DE UM FIO MUITO LONGO UNIFORMEMENTE CARREGADO

Em situações em que existe simetria, *e somente nessas situações*, por exemplo no caso de um fio muito longo uniformemente carregado, a Lei de Gauss na forma integral (Equação (I-1)) pode ser utilizada para calcular o campo elétrico. Como a superfície S da Equação (I-1) é arbitrária, podemos escolhê-la de modo que tenha a mesma simetria do fio, como a superfície cilíndrica fechada mostrada na Figura I-2. Na superfície lateral do cilindro temos que (i) $\vec{\boldsymbol{E}}$ é paralelo a $\hat{\boldsymbol{n}}$, logo, $\vec{\boldsymbol{E}}\cdot\hat{\boldsymbol{n}}dA = EdA$; (ii) o módulo E é constante na superfície lateral já que, por simetria, não depende da sua posição na superfície; (iii) nas duas bases, as normais são ortogonais ao campo elétrico, logo $\vec{\boldsymbol{E}}\cdot\hat{\boldsymbol{n}}dA = 0$; (iv) a integral na superfície fechada reduz-se à integral na superfície (aberta) lateral do cilindro; (v) sendo constante nesta superfície, E pode ser colocado para fora da integral. Temos a seguinte sequência, onde r é o raio do cilindro, L é seu comprimento, e a densidade linear de carga é λ:

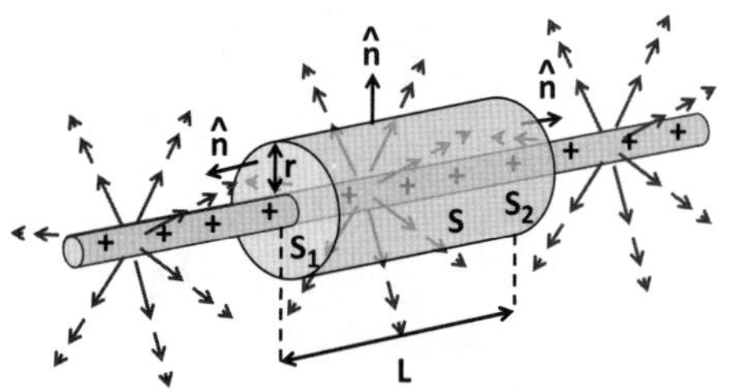

Figura I-2 – Fio muito longo uniformemente carregado. A superfície gaussiana cilíndrica de raio r utiliza a simetria da distribuição de cargas para o cálculo do campo elétrico pela Lei de Gauss na forma integral.

$$\oint_S \vec{\boldsymbol{E}}\cdot\hat{\boldsymbol{n}}dA = \int_{sup.lateral} EdA = E\int_{\text{sup.lateral}} dA = E\,2\pi rL = \frac{q_{int}}{\varepsilon_0} = \frac{\lambda L}{\varepsilon_0}.$$

Logo,

$$E = \frac{\lambda}{2\pi\varepsilon_0 \mathrm{r}}. \tag{I-2}$$

Enfatizamos que as passagens anteriores só puderam ser feitas devido à simetria. Por exemplo, caso a seção transversal do fio seja quadrada, uma superfície cilíndrica não tem a mesma simetria da distribuição de cargas e o procedimento acima não pode ser aplicado. Para uma distribuição arbitrária de cargas, como ilustrado na Figura I-3, o campo elétrico em um ponto qualquer, localizado pelo vetor $\vec{r}$, pode ser calculado pela superposição dos campos produzidos por elementos de volume que subdividem a distribuição de carga, cada um deles contendo uma carga volumétrica elementar $\rho\left(\vec{r}'\right)dV$:

$$\vec{E}\left(\vec{r}\right) = \int \frac{\rho\left(\vec{r}'\right)\left(\vec{r} - \vec{r}'\right)dV'}{4\pi\varepsilon_0 \left|\vec{r} - \vec{r}'\right|^3}. \tag{I-3}$$

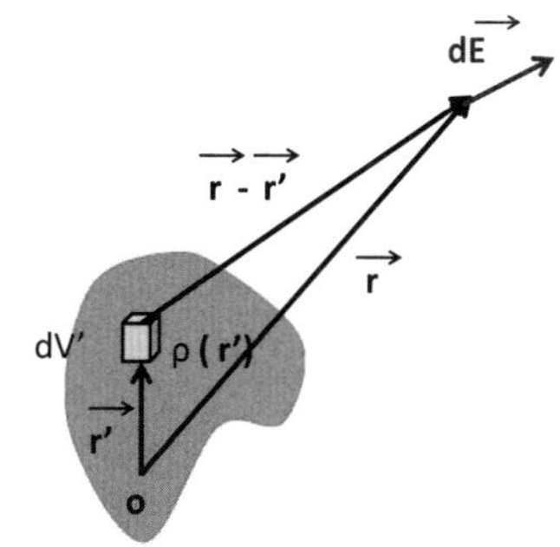

Figura I-3 – Geometria para o cálculo do campo elétrico em um ponto devido a uma distribuição arbitrária de cargas.

OBSERVANDO O CAMPO ELÉTRICO COM UMA "LUPA"

A Equação (I-1) relaciona o fluxo do campo elétrico em uma superfície fechada com a carga total existente no seu interior. Vamos olhar com uma "lupa" (imaginária!) uma pequena parte da carga positiva do conjunto mostrado na Figura I-1 e reproduzido na Figura I-4 para procurar informações sobre o campo elétrico *local* naquela região. Se a carga q_{int} não é pontual, mas volumétrica com uma densidade de carga ρ, podemos utilizar volumes e superfícies cada vez menores que irão envolver frações de carga cada vez menores, mas de modo que $\Delta q/\Delta V = \rho$ seja finito. Dividindo a Equação (I-1) por ΔV e fazendo o limite $\Delta V \to 0$ encontramos uma relação que associa o campo elétrico e a densidade de carga *em um ponto*.

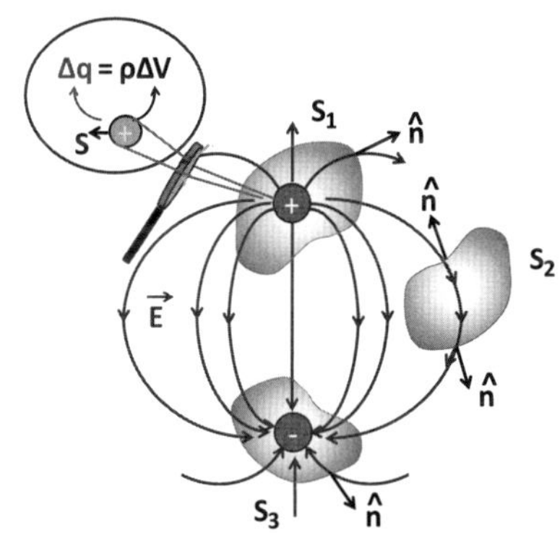

Figura I-4 – Ilustração para obter a Lei de Gauss na forma diferencial.

$$\lim_{\Delta V \to 0} \frac{\oint_S \vec{E} \cdot \hat{n} dA}{\Delta V} = \frac{\Delta q}{\Delta V \varepsilon_0} = \frac{\rho \Delta V}{\Delta V \varepsilon_0} = \frac{\rho}{\varepsilon_0}. \quad \text{(I-4)}$$

O limite do lado esquerdo da Equação (I-4) é a divergência de $\vec{E}$, e a Equação (I-4) pode ser reescrita como:

$$\vec{\nabla} \cdot \vec{E} = \frac{\partial E_x}{\partial x} + \frac{\partial E_y}{\partial y} + \frac{\partial E_z}{\partial z} = \frac{\rho}{\varepsilon_0}. \quad \text{(I-5)}$$

A Equação (I-5) é a forma diferencial da Lei de Gauss. As duas formas são importantes. A forma integral (Equação (I-1)) é muito útil na interpretação de vários sistemas enquanto a forma diferencial (Equação (I-5)) é necessária para se obter formalmente várias propriedades do campo elétrico.

O caminho inverso pode ser feito pelas Equações (I-1) e (I-5), juntamente com o teorema de Gauss:

$$\oint_S \vec{E} \cdot \hat{n} dA = \int_v \vec{\nabla} \cdot \vec{E}\, dV = \int_v \frac{\rho}{\varepsilon_0} dV = \frac{q_{int}}{\varepsilon_0}.$$

INEXISTÊNCIA DE CARGAS MAGNÉTICAS

Cargas pontuais (monopolos) magnéticas nunca foram observadas. Este fato pode ser expresso pela equação

$$\oint_S \vec{B} \cdot \hat{n} dA = 0, \quad \text{(I-6)}$$

que indica a inexistência de regiões de convergência ou divergência das linhas de força do campo magnético.

A Figura I-5 ilustra o campo magnético de um ímã cilíndrico. As linhas de força são contínuas, sem começo ou fim, concentrando-se no interior do ímã e espalhando-se no exterior. Para uma superfície que envolva um dos polos do ímã, como a mostrada, vemos que o fluxo é positivo para toda superfície externa ao ímã. Na parte interna, o fluxo é negativo e, como o campo magnético é bem mais intenso no interior do que na região externa do ímã, os dois fluxos se compensam.

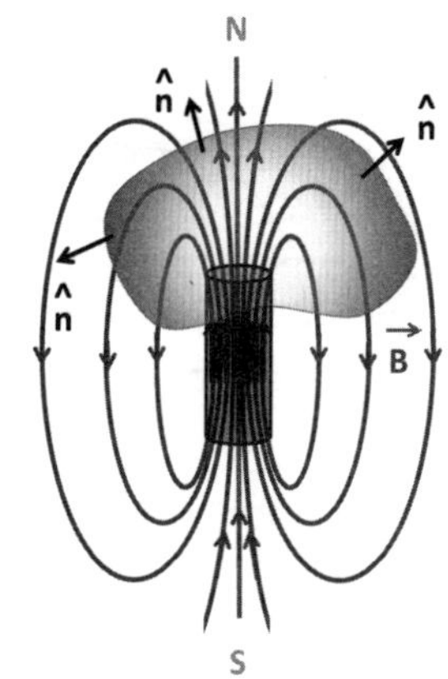

Figura I-5 – Ilustração da inexistência de cargas magnéticas. Não há regiões fechadas para onde as linhas de força do campo magnético convirjam ou divirjam.

OBSERVANDO O CAMPO MAGNÉTICO COM UMA "LUPA"

Usando a mesma argumentação apresentada para obter a Equação (I-5) podemos obter o equivalente diferencial da Equação (I-6):

$$\vec{\nabla} \cdot \vec{\boldsymbol{B}} = 0 \tag{I-7}$$

para expressar o fato de que cargas magnéticas não são observadas, mesmo que olhemos com uma "lupa" cada ponto do espaço.

LEI DE FARADAY

A Lei de Faraday estabelece uma segunda fonte para campos elétricos, além das cargas elétricas conforme dado pela Lei de Gauss. Os campos elétricos podem também ser produzidos por campos magnéticos *que variem com o tempo*:

$$\oint_C \vec{\boldsymbol{E}} \cdot d\vec{\boldsymbol{l}} = -\frac{d\Phi_B}{dt} = -\frac{d}{dt}\int_S \vec{\boldsymbol{B}} \cdot \hat{\boldsymbol{n}} dA. \tag{I-8}$$

A equação acima relaciona uma integral de linha sobre um caminho *fechado* e o fluxo do campo magnético, Φ_B, dado por uma integral de superfície, *aberta* e *arbitrária*,

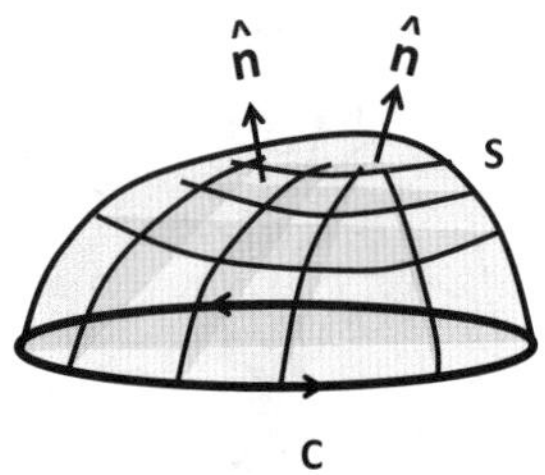

Figura I-6 – Ilustração de uma superfície aberta, S, apoiada em um caminho fechado, C.

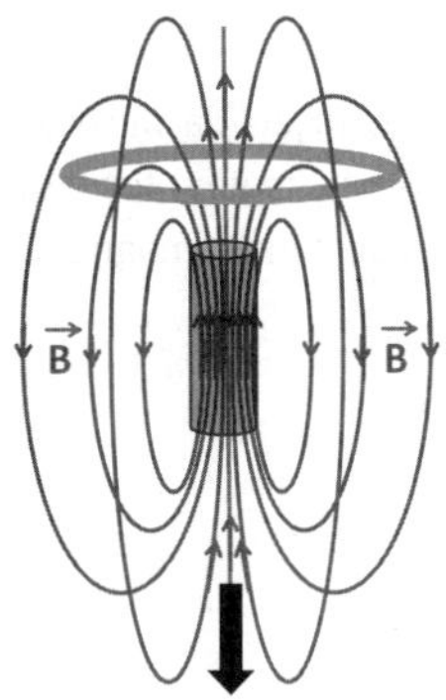

Figura I-7 – Ilustração de um ímã afastando-se de uma espira.

apoiada sobre este caminho. Como uma superfície aberta não possui parte de "dentro" ou de "fora", a normal não pode ser definida como foi feito no caso da Lei de Gauss. Ela é definida pela *regra da mão direita* à partir do sentido de $d\vec{l}$ que, por sua vez pode ser escolhido arbitrariamente. A Figura I-6 ilustra a convenção. Caso o sentido do caminho fosse invertido, o sentido da normal também seria invertido, de modo a não afetar a igualdade expressa pela Equação (I-8).

CORRENTE INDUZIDA EM UMA ESPIRA

A leitura da Equação (I-8) pode ser melhor apreciada por meio de um exemplo específico. A Figura I-7 esquematiza uma experiência simples de indução. Uma espira metálica circular é colocada próxima a um dos polos (norte) de um ímã, que é deslocado rapidamente de modo a se afastar da espira. Observa-se o aparecimento de uma corrente na espira. De acordo com a Lei de Faraday, o afastamento do ímã provoca um campo magnético variável com o tempo na região da espira (que ficou fixa no referencial do laboratório) e um campo elétrico é então observado nesta mesma região. Este campo elétrico induzido atua nos elétrons da espira condutora produzindo uma corrente.

Para determinar o sentido da corrente – e do campo elétrico induzido – utilizamos o procedimento descrito a seguir. Fazemos coincidir com a espira um caminho circular (imaginário!) e apoiamos uma superfície arbitrária (imaginária!) nele, conforme ilustra a Figura I-8. Como a superfície é arbitrária, escolhemos uma superfície plana para melhor visualização. *Escolhemos* um sentido para o caminho e, a partir dessa escolha, o sentido da normal fica estabelecido pela regra da mão direita. Vamos observar como se comporta o fluxo.

Para a normal escolhida, o produto escalar $\hat{\boldsymbol{n}} \cdot \vec{\boldsymbol{B}}$ é sempre positivo na superfície definida pelo anel. Logo, $\Phi_B > 0$. Ao se afastar o ímã do anel, o campo diminui, $(d\Phi_B/dt) < 0$ e, $-(d\Phi_B/dt)/dt > 0$. A integral de linha deve, portanto, ser também positiva e o campo elétrico deve ter o mesmo sentido do caminho arbitrado para isso ocorrer. A corrente induzida fluirá na direção do sentido arbitrado. Caso o ímã se aproxime do anel, mantendo-se o mesmo sentido do caminho e seguindo o mesmo raciocínio, encontraremos que a corrente fluirá no sentido contrário ao arbitrado. Um movimento oscilatório do ímã provocará uma corrente alternada no anel.

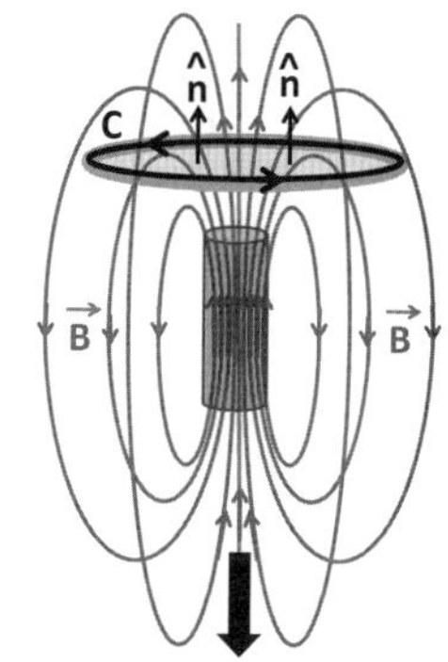

Figura I-8 – Lei de Faraday. Sentido da corrente induzida em uma espira condutora quando um ímã se afasta dela.

O CAMPO ELÉTRICO INDUZIDO

Um ponto importante é que o campo elétrico é induzido *existindo ou não um anel condutor* nas vizinhanças do ímã. Se considerarmos um plano fixo (imaginário!) no referencial do laboratório e movimentarmos o ímã em relação a ele, um campo elétrico de indução é produzido como ilustrado na Figura I-9. O ímã produz em cada ponto do espaço, nas suas vizinhanças, um campo magnético $\vec{\boldsymbol{B}}(x, y, z, t)$. Se este campo magnético varia no tempo, um campo elétrico $\vec{\boldsymbol{E}}(x, y, z, t)$ é produzido naquele ponto – e em todos os outros na vizinhança do ímã. A espira é um medidor deste campo, e pode estar presente ou não. Caso ela esteja presente, o campo de indução produzido movimentará os elétrons da espira metálica produzindo uma corrente. O mesmo efeito pode ser obtido por um solenoide cuja corrente varie com o tempo. Esta capacidade dos campos elétricos e magnéticos de se gerarem mutuamente dará origem às ondas eletromagnéticas.

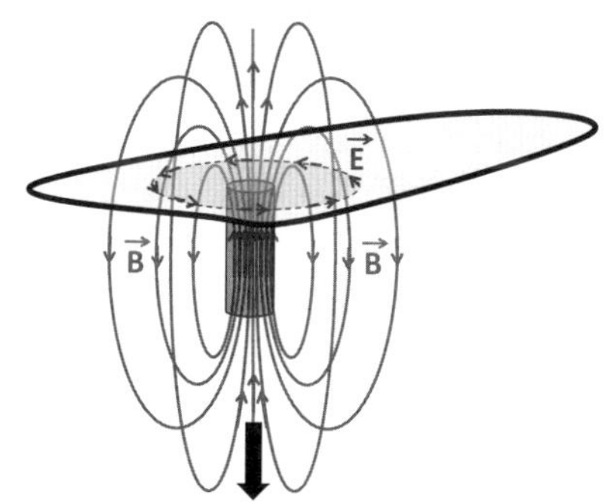

Figura I-9 – Campo elétrico observado em um plano (fictício) induzido por um campo magnético que varia com o tempo (gerado pelo afastamento do ímã) na região de observação (no caso, o plano).

EXEMPLO: ALTERNADOR MONOFÁSICO

Pela Lei de Faraday, uma corrente é gerada em uma espira desde que nela haja variação do fluxo magnético. Quanto mais rápida for esta variação maior será a corrente induzida. Podem-se construir diversos arranjos com o objetivo de provocar variações rápidas do fluxo magnético e maximizar a corrente induzida. No arranjo

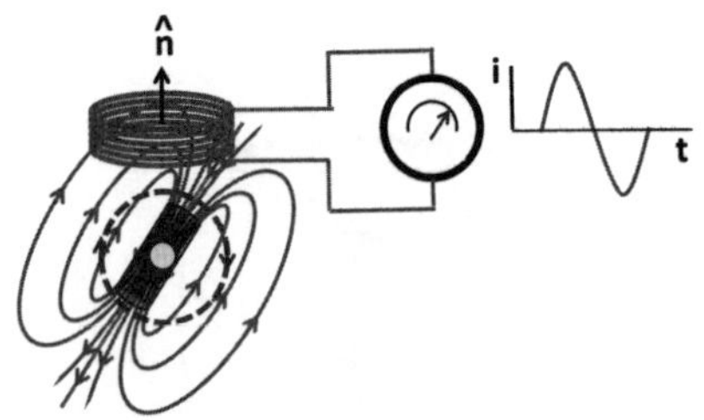

Figura I-10 – Ilustração de um alternador monofásico com um polo.

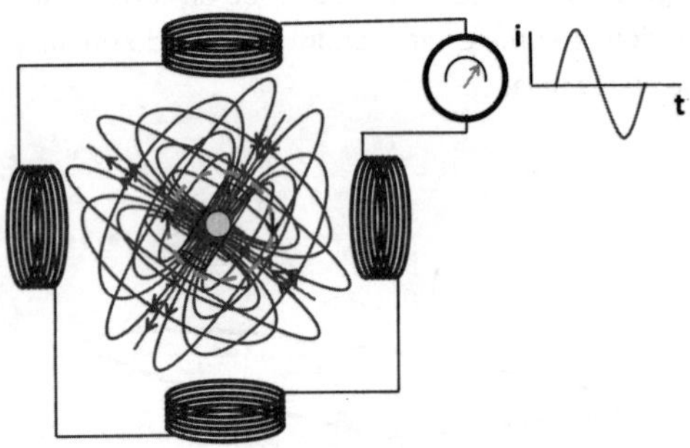

Figura I-11 – Ilustração de um alternador monofásico de quatro polos.

ilustrado na Figura I-10, o ímã gira, forçado por um agente externo, em torno de um eixo fixo próximo à espira (ou a um conjunto de espiras) produzindo a variação de fluxo desejado. O ímã, ao girar, alterna a passagem dos polos norte e sul na direção da espira produzindo uma corrente induzida alternada, aproximadamente senoidal, e com uma frequência igual à da rotação do ímã. Este tipo de arranjo pode ter sua eficiência melhorada utilizando-se dois ímãs ortogonais (quatro polos) e quatro conjuntos de espiras, como mostrado na Figura I-11. Se os quatro conjuntos de espiras forem conectados em série, é fácil constatar que a corrente gerada é quatro vezes maior do que aquela produzida no arranjo da Figura I-10, com os quatro conjuntos de espiras operando em fase. Este gerador é denominado alternador monofásico. São produzidos comercialmente para aplicações de baixa potência (2 a 20 kW) e utilizados em conjuntos motor-gerador com o rotor movido por um motor a gasolina ou diesel para gerar energia em shows ou hospitais de campanha, por exemplo. Podem também compor as turbinas geradoras de energia eólica.

OBSERVANDO O CAMPO MAGNÉTICO INDUZIDO COM UMA "LUPA"

A Lei de Faraday relaciona a integral de linha do campo elétrico com o fluxo do campo magnético. Mas poderíamos tentar usar uma "lupa" para associar, não integrais de linha e fluxos, mas os próprios campos, de forma similar a como foi feito na Lei de Gauss. Para isso vamos utilizar um pequeno circuito (imaginário!) fixo em um plano enquanto o campo magnético varia ao ser afastado do plano, conforme ilustra a Figura I-12. O circuito tem a normal em uma direção arbitrária e define uma área ΔS, que podemos diminuir progressivamente (a "lupa") para achar as propriedades dos campos em um ponto. Dividindo a Equação (I-8) por ΔS, podemos escrever, se a área ΔS for suficientemente pequena:

$$\lim_{\Delta S\to 0}\frac{\oint_C \vec{E}\cdot d\vec{l}}{\Delta S}=-\frac{\partial}{\partial t}\frac{\vec{B}\cdot\hat{n}\Delta S}{\Delta S}=-\frac{\partial}{\partial t}\left(\vec{B}\cdot\hat{n}\right). \tag{I-9}$$

O limite no lado esquerdo da Equação I-9 é definido como a componente do rotacional do campo elétrico $\vec{E}$ na direção da normal $\hat{n}$ ao circuito onde foi calculada a integral de linha acima, isto é:

$$\left(\vec{\nabla}\times\vec{E}\right)\cdot\hat{n}=-\frac{\partial}{\partial t}\left(\vec{B}\cdot\hat{n}\right). \tag{I-10}$$

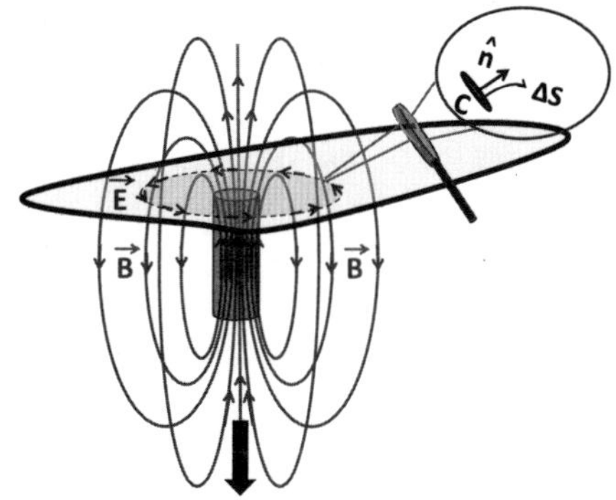

Figura I-12 – Ilustração para se obter a Lei de Faraday na forma diferencial.

Como a escolha da orientação do circuito, e consequentemente da direção da normal, é arbitrária, a Equação (I-8) pode ser generalizada para:

$$\vec{\nabla}\times\vec{E}=\begin{vmatrix}\hat{x} & \hat{y} & \hat{z}\\ \dfrac{\partial}{\partial x} & \dfrac{\partial}{\partial y} & \dfrac{\partial}{\partial z}\\ E_x & E_y & E_z\end{vmatrix}=-\frac{\partial\vec{B}}{\partial t}, \tag{I-11}$$

que relaciona o rotacional do campo elétrico $\vec{E}\left(x,y,z,t\right)$ com a variação com o tempo do campo magnético $\vec{B}\left(x,y,z,t\right)$ no mesmo ponto. A Equação (I-11) é a forma diferencial da Lei de Faraday. Nesta forma, fica claro que o campo elétrico de indução é gerado sempre que houver variação temporal do campo magnético naquele ponto. Caso exista uma carga elétrica neste ponto a força de Lorentz

$$\vec{F}=q\vec{E}+q\vec{v}\times\vec{B} \tag{I-12}$$

atuará na carga fazendo-a se movimentar. Caso exista uma espira metálica, uma corrente elétrica será nela produzida.

CAMPOS CONSERVATIVOS E POTENCIAL ELÉTRICO

Caso não existam variações de campos magnéticos com o tempo em uma região determinada, a integral de linha da Equação (I-8) é nula. Da mesma forma, a Equação (I-11) fornece $\vec{\nabla} \times \vec{E} = 0$. Nestas circunstâncias, o campo elétrico é conservativo e suas fontes são unicamente as cargas. Pode-se associar um potencial *V (x,y,z,)* a este campo de modo que $\vec{E} = -\vec{\nabla} V$, já que $\vec{\nabla} \times \vec{\nabla} V \equiv 0$. A diferença de potencial entre dois pontos é dada por:

$$V_A - V_B = \int_A^B \vec{E} \cdot d\vec{l}, \qquad \text{(I-13)}$$

e pode ser efetuada por qualquer caminho que ligue os pontos A e B. Caso os campos magnéticos na região de interesse sejam pequenos ou de baixas frequências, isto é, não variem muito rapidamente com o tempo, $\vec{\nabla} \times \vec{E} \sim \vec{0}$ e continua-se a usar o conceito de potencial na prática. É o caso da corrente alternada residencial (60 Hz), com "voltagens" de 110 V ou 220 V. Em circuitos de alta frequência, como os de micro-ondas, não se podem utilizar o conceito de potencial de forma generalizada.

LEI DE AMPÈRE-MAXWELL

A Lei de Ampère-Maxwell estabelece as fontes do campo magnético. São duas fontes, as correntes elétricas e os campos elétricos variáveis com o tempo:

$$\oint_C \vec{B} \cdot d\vec{l} = \mu_0 i + \mu_0 \varepsilon_0 \frac{d\Phi_E}{dt}$$
$$= \mu_0 i + \mu_0 \varepsilon_0 \frac{d}{dt} \int_S \vec{E} \cdot \hat{n} dA. \qquad \text{(I-14)}$$

A estrutura da Equação (I-14) é a mesma da Lei de Faraday, envolvendo integrais de linha em um caminho fechado, e integrais de superfície apoiadas neste caminho. As integrais de superfície estão associadas ou à derivada em relação ao tempo do fluxo do campo elétrico, ou ao fluxo do vetor densidade de corrente $\vec{J}$, já que:

$$i = \int_S \vec{J} \cdot \hat{n} dA. \tag{I-15}$$

Devemos enfatizar que a corrente i é um escalar e quando nos referimos ao "sentido da corrente", estamos assumindo implicitamente o *sentido de* $\vec{J}$. Assim, o sentido do caminho e o "sentido da corrente" obedecem à regra da mão direita.

A LEI DE AMPÈRE

Quando os campos são estáticos, a Equação (I-14) é denominada Lei de Ampère.

$$\oint_C \vec{B} \cdot d\vec{l} = \mu_0 i. \tag{I-16}$$

A Figura I-13 ilustra o campo magnético de um fio muito longo. Em virtude da simetria, as linhas de força do campo magnético são círculos centrados no eixo do fio condutor e o sentido do campo é dado pela regra da mão direita, a partir do sentido da corrente. É importante enfatizar que o caminho utilizado na Equação (I-16) não precisa coincidir com uma linha de força, pode ser um caminho *arbitrário* (c) como o mostrado na Figura I-13. A corrente total que intercepta a superfície (S_1) apoiada no caminho (c) é i e, portanto, a integral de linha sobre este caminho *arbitrário* é $\mu_0 i$.

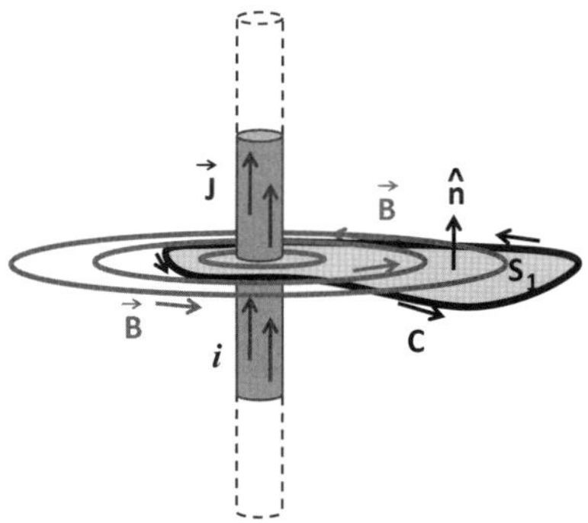

Figura I-13 – Ilustração da Lei de Ampère em um caminho arbitrário.

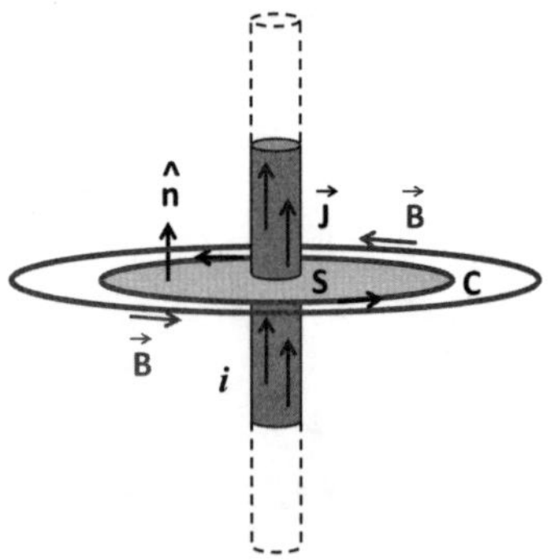

Figura I-14 – Ilustração da Lei de Ampère em um caminho circular envolvendo um fio com corrente muito longo.

CAMPO MAGNÉTICO DE UM FIO MUITO LONGO

Em situações em que existe simetria, como no caso do fio muito longo, *e somente nessas situações*, a Lei de Ampère pode ser utilizada para calcular o campo magnético. Como o caminho é arbitrário, podemos escolher um caminho que coincida com uma linha de força, como o caminho circular mostrado na Figura I-14. Neste caminho temos (i) $\vec{\boldsymbol{B}}$ é paralelo a $d\vec{\boldsymbol{l}}$, logo $\vec{\boldsymbol{B}}\cdot d\vec{\boldsymbol{l}} = Bdl$; (ii) o módulo B é constante ao longo do caminho de integração já que, por simetria, não depende da sua posição no círculo; (iii) sendo constante, B pode ser colocado para fora da integral. Temos a seguinte sequência, onde r é o raio do círculo (caminho):

$$\oint_C \vec{\boldsymbol{B}}\cdot d\vec{\boldsymbol{l}} = \oint_C Bdl = B\oint_c dl = B\,2\pi r = \mu_0 i$$

logo,

$$B = \frac{\mu_0}{2\pi r} i. \qquad \text{(I-17)}$$

A simetria é essencial para efetuar as passagens acima. Caso a seção reta do fio fosse quadrada, por exemplo, as linhas de força do campo magnético não seriam mais circulares e o desenvolvimento acima não poderia ser aplicado.

A CORRENTE DE DESLOCAMENTO

O termo $\varepsilon_0 \dfrac{d\Phi_E}{dt}$ da Equação (I-14) é denominado *corrente de deslocamento* e indica que um campo elétrico variando no tempo produz um campo magnético, de forma análoga à Lei de Faraday, mas invertendo os dois campos. A corrente de deslocamento, incluída por Maxwell, é um complemento essencial da Lei de Ampère, sem o qual apareceriam inconsistências no conjunto de equações dos campos. Isto pode ser visto pelo arranjo ilustrado na Figura I-15, que mostra um fio muito longo interrompido por um capacitor de placas paralelas. Como foi visto na análise do fio muito longo (Figura I-14), um campo magnético que circula em torno da corrente é produzido nas vizinhanças do fio. A integral de linha do campo magnético pode ser calculada utilizando-se o fluxo da densidade de corrente em uma superfície *qualquer* apoiada nesse caminho. Caso a superfície escolhida seja a S_1, no mesmo plano do caminho, o resultado é $\mu_0 i$, já que a corrente que intercepta a superfície S_1 é i. Entretanto, se a superfície escolhida for a S_2, em forma de chapéu, e que passa entre as placas do capacitor, nenhuma corrente (de condução) intercepta a superfície S_2. O resultado da integral de linha do campo magnético seria então zero. Esta inconsistência é resolvida com a corrente de deslocamento. Entre as placas do capacitor, existe fluxo de campo elétrico na superfície S_2. Por sua vez, não existe fluxo de campo elétrico na superfície S_1. Usando a superfície S_1, que fornece fluxo de campo elétrico zero para fechar a superfície, e usando a Lei de Gauss, obtemos:

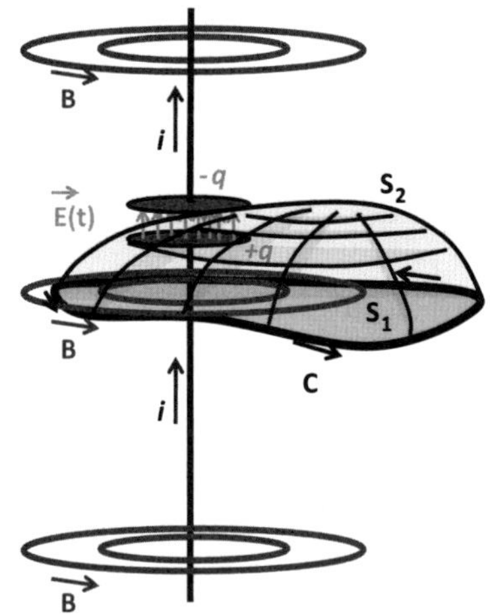

Figura I-15 – Ilustração da Lei de Ampère-Maxwell em um fio muito longo interrompido por um capacitor de placas paralelas.

$$\Phi_E = \int_{S_2} \vec{E}\cdot\hat{n}dA = \int_{S_1+S_2} \vec{E}\cdot\hat{n}dA = \oint_{S_1+S_2} \vec{E}\cdot\hat{n}dA = \frac{q}{\varepsilon_0}.$$

A corrente de deslocamento, i_d, será então:

$$i_d = \varepsilon_0 \frac{d\Phi_E}{dt} = \frac{dq}{dt} = i,$$

igual à corrente de condução e o valor da integral de linha é o mesmo, quer usemos a superfície S_1 ou S_2.

OBSERVANDO O CAMPO ELÉTRICO INDUZIDO COM UMA "LUPA"

Repetindo o procedimento utilizado para obter a Equação (I-9), e fazendo uso da Equação (I-15) obtemos, dividindo a Equação (I-14) por ΔS:

$$\lim_{\Delta S \to 0} \frac{\oint_C \vec{B} \cdot d\vec{l}}{\Delta S} = \mu_0 \frac{\vec{J} \cdot \hat{n} \Delta S}{\Delta S} + \mu_0 \varepsilon_0 \frac{\partial}{\partial t} \frac{\vec{E} \cdot \hat{n} \Delta S}{\Delta S}.$$

O lado esquerdo da equação acima é a componente do rotacional na direção $\hat{n}$ e, como a direção da normal é arbitrária, obtemos:

$$\vec{\nabla} \times \vec{B} = \mu_0 \vec{J} + \mu_0 \varepsilon_0 \frac{\partial \vec{E}}{\partial t} \qquad \text{(I-18)}$$

que relaciona o rotacional do campo magnético $\vec{B}(x, y, z, t)$ com a densidade de corrente $\vec{J}(x, y, z, t)$ e a variação com o tempo do campo elétrico $\vec{E}(x, y, z, t)$ no mesmo ponto.

O caminho inverso pode ser obtido usando-se as Equações (I-14) e (I-18), juntamente com o teorema de Stokes:

$$\oint_C \vec{B} \cdot d\vec{l} = \int_s (\vec{\nabla} \times \vec{B}) \cdot \hat{n} dA = \int_s (\mu_0 \vec{J} + \mu_0 \varepsilon_0 \frac{\partial \vec{E}}{\partial t}) \cdot \hat{n} dA = \mu_0 i + \mu_0 \varepsilon_0 \frac{d\Phi_E}{dt}.$$

CAMPO MAGNÉTICO PRODUZIDO POR UMA CARGA COM VELOCIDADE CONSTANTE (V<<C)

Vamos ilustrar o aparecimento do campo magnético devido à variação temporal do campo elétrico para uma situação análoga à mostrada na Figura I-9, substituindo o ímã por uma carga pontual aproximando-se com velocidade v de um plano fixo no laboratório, conforme ilustrado na Figura I-16. Para a normal arbitrada no sentido mostrado, haverá um aumento do fluxo de campo elétrico, $d\Phi_E/dt > 0$, na área delimitada pelo circuito circular (imaginário!) mostrado. Assim, pela Equação (I-14), o campo magnético produzido no plano terá o sentido dado pela regra da mão direita, e terá linhas de força circulares devido à simetria. Teremos então que $\vec{\boldsymbol{B}}\cdot d\vec{\boldsymbol{l}} = Bdl$ com B constante ao longo do caminho. Logo:

$$\oint_C \vec{\boldsymbol{B}}\cdot d\vec{\boldsymbol{l}} = B\,2\pi R = \mu_0\varepsilon_0 \frac{d\Phi_E}{dt}. \qquad \text{(I-19)}$$

O fluxo do campo elétrico pode ser calculado pela soma dos fluxos em setores circulares de raio r e largura dr. O campo elétrico em cada um desses setores é dado por:

$$\vec{\boldsymbol{E}} = \frac{q}{4\pi\varepsilon_0}\frac{\widehat{\boldsymbol{r}'}}{\left(z^2+r^2\right)}, \qquad \text{(I-20)}$$

onde $\widehat{\boldsymbol{r}'}$ é o vetor unitário na direção da reta que une a carga a um ponto qualquer do setor circular. Daí vem que, notando que E_z é positivo quando z é negativo:

$$E_z = E\cos\theta = \frac{q}{4\pi\varepsilon_0}\frac{-z}{\left(z^2+r^2\right)^{\frac{3}{2}}}$$

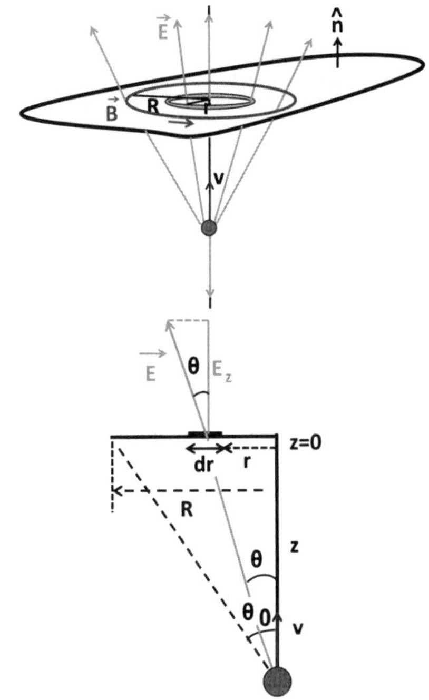

Figura I-16 – Ilustração dos campos elétrico e magnético produzidos por uma carga com velocidade constante (v << c). O campo magnético é gerado pelo campo elétrico variando no tempo no plano (fictício) de observação.

$$\Phi_E = \int_S \vec{E}\cdot\hat{n}dA = \int_S E_z dA = \frac{-q}{4\pi\varepsilon_0}\int_0^R \frac{z}{\left(z^2+r^2\right)^{\frac{3}{2}}}2\pi r dr$$

$$= \frac{-q}{2\varepsilon_0}\left(\frac{z}{|z|} - \frac{z}{\left(z^2+R^2\right)^{\frac{1}{2}}}\right).$$

Como $dz/dt = v$, obtemos,

$$\frac{d\Phi_E}{dt} = \frac{qv}{2\varepsilon_0}\frac{R^2}{\left(z^2+R^2\right)^{\frac{3}{2}}}.$$

Usando a Equação (I-19), considerando a geometria mostrada na Figura I-16, e lembrando que $c^2 = 1/\mu_0\varepsilon_0$ obtemos:

$$B = \frac{qv}{4\pi\varepsilon_0 c^2}\frac{R}{\left(z^2+R^2\right)^{\frac{3}{2}}} = \frac{v}{c^2}E \operatorname{sen}\theta_0,$$

que, pela observação da Figura I-16, pode ser escrita na forma vetorial como:

$$\vec{B} = \frac{1}{c^2}\vec{v}\times\vec{E}. \qquad \text{(I-21)}$$

No título desta seção incluímos a restrição $v << c$. De fato vemos que em um ponto qualquer do plano da Figura I-16, o campo elétrico varia com o tempo, e que o campo magnético, pela Equação (I-21), também. Pela Lei de Faraday (Equação (I-11)), um campo magnético variando com o tempo gera um campo elétrico de indução. Portanto, a rigor, o campo elétrico utilizado para calcular o fluxo da Equação (I-19) deve ser acrescido do campo elétrico induzido. Este processo interativo continua de forma sucessiva, com infinitos passos, até convergir para o campo final resultante. Quando $v << c$ essas correções podem ser desprezadas e a Equação (I-21) é, para fins práticos, uma boa aproximação para o campo magnético induzido.

A generalização para velocidades próximas à da luz envolve as transformações de Lorentz para os campos, tópico que não será abordado neste texto. O campo coulombiano de uma carga só é dado pela Equação (I-20) no referencial no qual a carga está em repouso. Em um referencial no qual a carga se move relativamente a ele com uma velocidade *qualquer*, o campo elétrico deve ser obtido utilizando as transformações de Lorentz entre os dois referenciais.

A LEI DE BIOT-SAVART

Uma corrente elétrica em um condutor é constituída de uma grande quantidade de cargas em movimento devido a um campo elétrico aplicado. Em virtude das colisões sucessivas, a velocidade média dos elétrons, denominada *velocidade de deriva ou de arraste*, é aproximadamente constante e da ordem de $\sim 10^{-4}$ m/s << c. Podemos então utilizar o resultado da seção anterior para calcular o campo magnético devido a uma corrente percorrendo um fio condutor de seção reta A.

A carga dq que se movimenta ao longo elemento $d\vec{l}$ do fio produz no ponto P próximo a ele (Figura (I-17)) um campo elétrico coulombiano $d\vec{E}$ variando no tempo que, por sua vez, gera um campo magnético $d\vec{B}$ dado, de acordo com a Equação (I-21), por:

$$d\vec{B} = \frac{1}{c^2}\vec{v} \times d\vec{E} = \frac{dq\,\vec{v} \times \hat{r}}{4\pi\varepsilon_0 c^2 r^2}. \qquad \text{(I-22)}$$

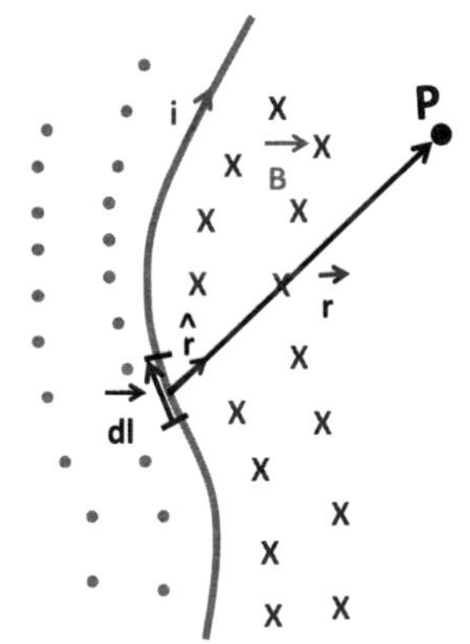

Figura I-17 – Geometria utilizada para o cálculo do campo magnético produzido por um fio com corrente.

Lembrado que a densidade de corrente relaciona à densidade volumétrica de carga com sua velocidade média,

$$\vec{J} = \rho\vec{v} \tag{I-23}$$

e que $dq = \rho dV = \rho A dl$, temos, usando a Equação (I-15), e considerando que a velocidade média $\vec{v}$ das cargas tem a mesma direção e sentido do elemento $d\vec{l}$ do fio:

$$dq\,\vec{v} = \rho A dl\,\vec{v} = \rho A v d\vec{l} = JA\,d\vec{l} = i\,d\vec{l}. \tag{I-24}$$

Usando a Equação (I-24) em (I-22), lembrando que $c^2 = 1/\mu_0\varepsilon_0$, e integrando ao longo do fio, obtemos a Lei de Biot-Savart:

$$\vec{B} = \frac{\mu_0 i}{4\pi}\int\frac{d\vec{l}\times\hat{r}}{r^2} \tag{I-25}$$

Como o fio condutor é neutro, o campo elétrico total produzido no ponto P é nulo. Este campo elétrico total é produzido pelas cargas que se movimentam em relação a P (elétrons) e pelas cargas, de sinal contrário, que estão em repouso em relação a ele. Somente contribui para a produção do campo magnético no ponto P *as cargas que se movimentam em relação a esse ponto*, já que somente estas cargas produzem um campo elétrico *variando no tempo* no ponto P. O campo elétrico produzido pelas cargas fixas em relação a P não varia no tempo e não produz campo magnético.

EQUAÇÕES DE MAXWELL: SUMÁRIO

As quatro equações de Maxwell nas suas formas integral e diferencial são no vácuo:

$$\oint_S \vec{E}\cdot\hat{n}\,dA = \frac{q_{int}}{\varepsilon_0} \quad \text{(I-1)} \qquad \vec{\nabla}\cdot\vec{E} = \frac{\rho}{\varepsilon_0} \tag{I-5}$$

$$\oint_S \vec{B}\cdot\hat{n}\,dA = 0 \quad \text{(I-6)} \qquad \vec{\nabla}\cdot\vec{B} = 0 \tag{I-7}$$

$$\oint_C \vec{E}\cdot d\vec{l} = -\frac{d\Phi_B}{dt} = -\frac{d}{dt}\int_S \vec{B}\cdot\hat{n}dA \tag{I-8}$$

$$\vec{\nabla}\times\vec{E} = -\frac{\partial\vec{B}}{\partial t} \tag{I-11}$$

$$\oint_C \vec{B}\cdot d\vec{l} = \mu_0 i + \mu_0\varepsilon_0\frac{d\Phi_E}{dt} = \mu_0 i + \mu_0\varepsilon_0\frac{d}{dt}\int_S \vec{E}\cdot\hat{n}\,dA \tag{I-14}$$

$$\vec{\nabla}\times\vec{B} = \mu_0\vec{J} + \mu_0\varepsilon_0\frac{\partial\vec{E}}{\partial t} \tag{I-18}$$

As equações de Maxwell fornecem os valores da integral de superfície (ou da divergência) e da integral de linha (ou do rotacional) dos campos elétricos e magnético e sua estrutura pode ser entendida evocando-se o teorema de Helmholtz, que estabelece que qualquer campo vetorial é univocamente determinado se a sua divergência e seu rotacional são conhecidos em todo espaço. Esta é a base matemática para descrever campos vetoriais. Os valores da divergência e do rotacional dos campos elétrico e magnético são determinados pela experiência (leis de Gauss, Ampère, Faraday), complementados e sintetizados nas equações de Maxwell.

A observação acima deve, entretanto, ser complementada. A teoria da relatividade impõe que as leis físicas tenham a mesma forma em todos os referenciais inerciais e que sua transformação de um referencial para outro obedeça às transformações de Lorentz. Se este princípio for aplicado nas equações que envolvem as divergências dos campos elétrico e magnético, as equações que envolvem o rotacional destes campos são formalmente obtidas. Dessa forma, ao se incluir a teoria da relatividade, duas das equações de Maxwell tornam-se redundantes. O que também enfatiza que as equações de Maxwell já obedecem aos postulados da teoria de relatividade.

A força de Lorentz (Equação (I-12)) completa o cenário. Cargas e correntes são fontes de campos elétricos e magnéticos que, por sua vez, podem ser observados pelo movimento que produzem nas cargas devido à força de Lorentz.

PROPRIEDADES ELÉTRICAS E MAGNÉTICAS DA MATÉRIA: SUMÁRIO QUALITATIVO

As equações de Maxwell descritas anteriormente consideram que o meio que abriga os campos eletromagnéticos é o vácuo. Na prática, é necessário descrever esses campos nos mais diversos meios onde eles são observados ou se propagam, como: a atmosfera, oceanos, vidros, concreto, madeira, vegetação, plásticos, polímeros, metais etc. Esta enorme variedade de materiais é dividida, para uso prático, em duas classes: condutores e dielétricos. Nos bons condutores (via de regra, metais) um ou mais elétrons por átomo não estão localizados em nenhum átomo em particular, mas podem circular livremente por todo o volume do material. Nos dielétricos (plásticos, vidros, madeira) todos os elétrons estão ligados aos átomos e somente pequenos deslocamentos nas vizinhanças do núcleo são permitidos. A linha divisória entre estas duas classes não é estrita e alguns materiais (o solo, por exemplo) podem ser considerados, do ponto de vista eletromagnético, condutores ou isolantes dependendo do comprimento da onda eletromagnética que nele se propaga.

A matéria é constituída de átomos que, por sua vez, são constituídos de núcleos e elétrons. Núcleos e elétrons possuem duas propriedades intrínsecas: carga, que é fonte de campo elétrico, e spin, que é fonte de campo magnético. De uma forma geral as cargas negatívas dos elétrons se distribuem nas vizinhanças da carga positiva do núcleo atômico de modo a anular o campo elétrico resultante nas proximidades do átomo. Moléculas têm mais de um núcleo e, em algumas delas, denominadas polares (como a água), os elétrons estão deslocados em relação ao centro de carga positiva, formando um dipolo elétrico. O campo elétrico deste dipolo é, em geral, cancelado pelas moléculas vizinhas idênticas, devido à orientação aleatória que elas possuem provocada pela agitação térmica.

Com exceção dos materiais ferromagnéticos, os efeitos de campos magnéticos externos nos materiais são bem menos significativos quando comparados com aqueles provocados pelo campo elétrico. Para a grande maioria dos átomos, os momentos magnéticos intrínsecos dos elétrons e do núcleo, associados ao spin eletrônico e nuclear, respectivamente, praticamente se cancelam fornecendo um campo magnético resultante muito pequeno ou nulo. Quando um átomo é imerso em um campo magnético, o campo elétrico induzido pela Lei de Faraday modifica o movimento orbital dos elétrons provocando um aumento do momento magnético na direção contrária ao campo magnético aplicado. Este mecanismo, que ocorre com todos os átomos, é denominado *diamagnetismo*, mas o momento de dipolo magnético gerado por este mecanismo é muito pequeno. Existem, entretanto, substâncias para as quais o cancelamento dos momentos magnéticos intrínsecos dos elétrons e do núcleo não é completo, e apresentam um pequeno momento de dipolo magnético resultante. Estas substâncias são denominadas *paramagnéticas*, mas a agitação térmica orienta aleatoriamente estes átomos que acabam por ter o momento de dipolo magnético cancelado pelos seus vizinhos, tornando o momento de dipolo magnético médio também muito pequeno. Os materiais *ferromagnéticos* são especiais pela sua capacidade de se auto-organizarem e ter os momentos magnéticos de vários átomos orientados na mesma direção em pequenas regiões do material.

DIELÉTRICOS: PERMISSIVIDADE ELÉTRICA

Esta desorganização natural dos momentos de dipolo elétrico ou magnético de um conjunto de átomos ou moléculas é revertida pela aplicação de um campo elétrico ou magnético externo. A Figura I-18 ilustra o caso do campo elétrico. Os dipolos elétricos associados às moléculas do material ou aqueles que são formados pela ação do campo elétrico se alinham com o campo elétrico externo aplicado. Estes dipolos ficam aproximadamente alinhados e produzem um campo elétrico *contrário* ao campo externo. No interior do material, as cargas pertencentes a dipolos vizinhos e alinhados na direção do campo elétrico se cancelam, mas nas interfaces opostas do dielétrico acumulam-se duas densidades superficiais de carga, uma positiva e outra negativa. Estas cargas superficiais produzem um campo elétrico contrário ao campo elétrico externo, de modo que o campo elétrico resultante é *menor* do que o aplicado. Em meios lineares, em que o valor dos momentos de dipolo é proporcional ao campo elétrico aplicado, o efeito resultante da ação dos dipolos pode ser adequadamente quantificado substituindo-se a permissividade elétrica do vácuo pela permissividade elétrica do meio, isto é, fazendo-se $\varepsilon_0 \to \varepsilon$, onde $\varepsilon > \varepsilon_0$ nas equações de Maxwell. Efetivamente podemos ver, pela Lei de Gauss, que a substituição $\varepsilon_0 \to \varepsilon$ com $\varepsilon > \varepsilon_0$ diminui o valor do campo elétrico calculado naquele meio. As permissividades elétricas dos vários materiais são determinadas experimentalmente e, em geral, tabeladas na forma da permissividade relativa, ε_R, definida como $\varepsilon_R = \varepsilon / \varepsilon_0$.

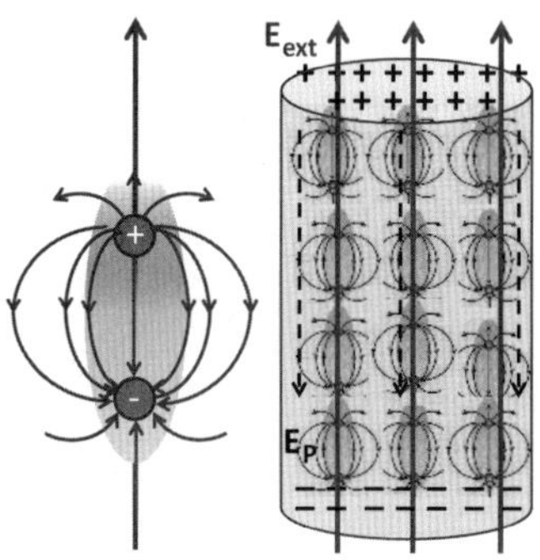

Figura I-18 – Ilustração de um meio dielétrico. O campo elétrico externo orienta os dipolos elétricos das moléculas do material.

Se o campo elétrico é alternado, o valor da permissividade elétrica depende da frequência, já que a resposta que as moléculas dão a um campo elétrico variando depende da frequência. Este ponto será discutido quando abordarmos o tema de radiação.

PERMISSIVIDADES RELATIVAS DE ALGUNS MATERIAIS

Os valores das permissividades relativas de alguns materiais na frequência de 1,0 MHz são: 4,84 (vidro), 4,15 (gelo), 2,26 (polietileno), 2,59 (solo seco), 2,1 ("Teflon", politetrafluoretileno) e 78,3 (água).

VETOR DENSIDADE DE FLUXO ELÉTRICO

A Lei de Gauss indica que se definirmos um vetor $\vec{\boldsymbol{D}}$, de modo que:

$$\vec{\boldsymbol{D}} = \varepsilon \vec{\boldsymbol{E}}, \tag{I-26}$$

as fontes deste vetor são somente as cargas livres, isto é:

$$\oint_S \vec{\boldsymbol{D}} \cdot \hat{\boldsymbol{n}}\, dA = q_{int}. \tag{I-27}$$

O vetor $\vec{\boldsymbol{D}}$ é denominado *densidade de fluxo elétrico* e é útil para determinação das condições de contorno do campo elétrico nas interfaces, como veremos adiante.

MATERIAIS MAGNÉTICOS: PERMEABILIDADE MAGNÉTICA

O diamagnetismo, paramagnetismo e ferromagnetismo são fenômenos que só podem ser devidamente descritos pela mecânica quântica. Entretanto, uma análise macroscópica dos seus efeitos pode ser feita considerando que pequenos dipolos magnéticos (podem ser pensados como nano-solenoides) sejam associados aos átomos e se alinhem na direção do campo magnético externo aplicado. Nos materiais diamagnéticos, o alinhamento se dá no sentido contrário ao do campo aplicado, enquanto nos materiais paramagnéticos ele se dá no mesmo sentido do campo. Nessas condições,

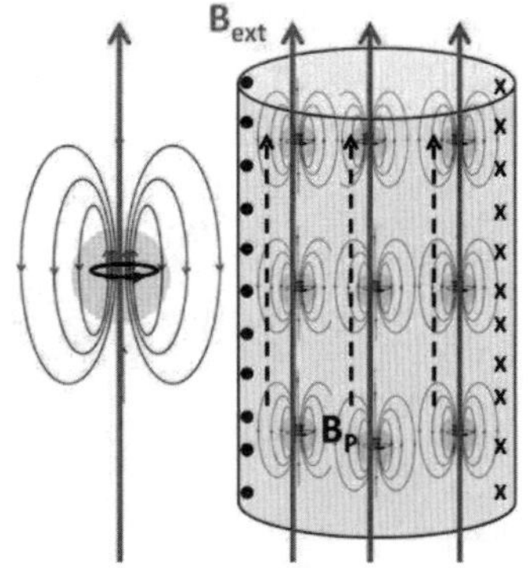

Figura I-19 – Ilustração de um meio paramagnético. O campo magnético externo orienta os dipolos magnéticos das moléculas do material.

um raciocínio similar ao aplicado na seção anterior pode ser adotado para o caso de materiais diamagnéticos ou paramagnéticos. Vejamos o caso paramagnético, ilustrado na Figura I-19. O campo magnético externo alinha os dipolos magnéticos associados aos átomos na mesma direção e sentido do campo magnético aplicado e, portanto, tendendo a aumentar o campo magnético resultante. Como o valor deste momento é pequeno, a agitação térmica impede que um alinhamento efetivo seja obtido. Observando os nano-solenoides localizados em uma seção reta do cilindro ilustrado, vemos que as correntes se anulam para os átomos vizinhos situados em uma seção reta do cilindro. Entretanto, este cancelamento não ocorre nas superfícies laterais e o resultado final do alinhamento dos dipolos é equivalente à geração de uma *densidade de corrente de magnetização* na superfície lateral do cilindro. O campo magnético produzido por esta corrente é na mesma direção e sentido do campo magnético externo, aumentando-o.

O efeito macroscópico do aumento do campo magnético em materiais paramagnéticos pode ser obtido substituindo-se nas equações de Maxwell a permeabilidade magnética do vácuo, μ_0, pela permeabilidade magnética do meio, μ, ou seja, fazendo $\mu_0 \to \mu$ na Lei de Ampère-Maxwell. Definindo permeabilidade relativa por $\mu_R = \mu / \mu_0$, teremos que $\mu_R > 1$ para materiais paramagnéticos e $\mu_R < 1$ para os materiais diamagnéticos.

Pode-se ver que se $\mu > \mu_0$ o campo magnético em um meio paramagnético é maior do que aquele em que há o vácuo na mesma região do espaço.

PERMEABILIDADES RELATIVAS DE ALGUNS MATERIAIS

Valores típicos de μ_R para materiais paramagnéticos são 1,001001 ("Teflon"), 1,0000003 (madeira seca), e para materiais diamagnéticos são 0,999 (cobre) e 0,999992 (água pura). Para efeitos práticos considera-se $\mu_R = 1$, isto é $\mu = \mu_0$ para todos os materiais que não sejam os ferromagnéticos.

VETOR CAMPO MAGNÉTICO AUXILIAR

A Lei de Ampère-Maxwell indica que se definirmos um vetor $\vec{H}$, de modo que

$$\vec{B} = \mu \vec{H}, \tag{I-28}$$

as fontes deste vetor são somente as correntes produzidas por cargas livres, isto é:

$$\oint_C \vec{H} \cdot d\vec{l} = i + \frac{d}{dt} \int_S \vec{D} \cdot \hat{n} dA. \tag{I-29}$$

O vetor $\vec{H}$ é denominado *campo magnético auxiliar* e é útil para determinação das condições de contorno do campo elétrico nas interfaces, como veremos adiante. Em alguns textos o campo $\vec{H}$ é denominado campo magnético e $\vec{B}$, campo de indução magnética.

CONDUTORES

A aplicação de um campo elétrico externo em um condutor neutro provoca um deslocamento de cargas negativas (elétrons) no sentido contrário ao do campo e um progressivo acúmulo de cargas positivas na direção e sentido do campo aplicado. Na superfície do condutor ocorre um bloqueio do movimento dos elétrons que acabam por se acumular na superfície, o mesmo ocorrendo com cargas positivas na superfície oposta. As cargas positivas e negativas acumuladas nas superfícies geram um campo elétrico que se opõe ao campo elétrico externo em um processo de acúmulo e adaptação da distribuição de cargas e que somente cessa quando o campo elétrico no seu interior for nulo de modo a não promover mais nenhum movimento de carga. A Figura I-20 ilustra o processo. Atingida a distribuição de cargas de equilíbrio, distribuição essa que depende da forma geométrica do condutor, o campo elétrico torna-se

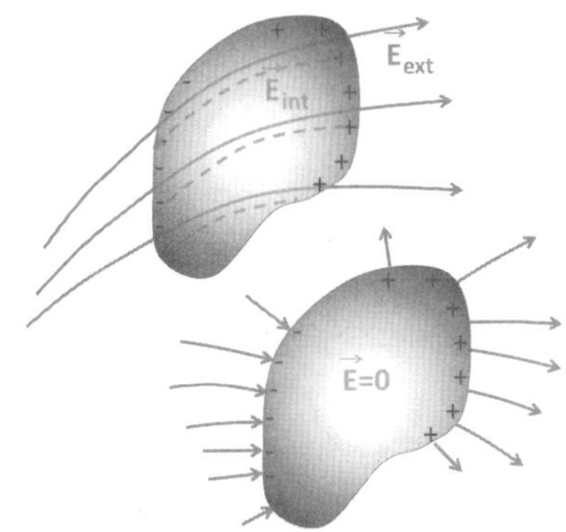

Figura I-20 – Redistribuição de cargas em um condutor quando um campo elétrico externo é aplicado. A soma do campo elétrico externo com o campo elétrico produzido pelas cargas induzidas é zero no interior do condutor.

zero no seu interior e normal à sua superfície externa. Este rearranjo de cargas e campos no condutor é extremamente rápido, sendo da ordem da fração do ato segundo (1as = 10^{-18} s) no caso de bons condutores, como o cobre. Dessa forma mesmo para correntes alternadas de altas frequências, quando as cargas e os campos ficam se redistribuindo e se modificando rapidamente na superfície, o equilíbrio é continuamente alcançado. Nesse caso, a corrente associada à redistribuição de cargas é também superficial, como será visto no Capítulo III (efeito pelicular).

CONDIÇÕES DE CONTORNO NAS INTERFACES

É muito comum que os campos elétricos e magnéticos se encontrem em regiões onde ocorre uma mudança brusca de meio. As interfaces ar-vidro, ou ar-água são exemplos corriqueiros desta situação. Como os campos devem obedecer às equações de Maxwell em todo o espaço, algumas condições de contorno são impostas a eles na interface de separação entre os meios. Elas são explicitadas para as componentes normais e tangenciais dos campos na interface entre os dois meios. Em resumo:

- A componente normal do vetor densidade do campo elétrico, $D_\perp$, é contínua na interface entre dois dielétricos.
- A componente normal do vetor campo magnético, $B_\perp$, é contínua na interface entre dois dielétricos.
- A componente tangencial do vetor campo elétrico, $E_\parallel$, é contínua na interface entre dois dielétricos.
- A componente tangencial do vetor campo magnético auxiliar $H_\parallel$, é contínua na interface entre dois dielétricos.
- A componente normal do vetor densidade campo elétrico é descontínua na superfície externa de um bom condutor $D_{\perp ext} - D_{\perp int} = \sigma_s$, onde σ_s é a densidade

superficial de carga no condutor. A componente tangencial do campo elétrico na superfície externa de um bom condutor é contínua, $E_{\|ext} - E_{\|int} = 0$. No interior do condutor perfeito o campo elétrico é nulo, como foi visto e, portanto, o campo elétrico tangencial externo também é nulo.

- A componente tangencial do vetor campo magnético auxiliar é descontínua na superfície de um bom condutor, $H_{\|ext} - H_{\|int} = J_s$, onde J_s é a densidade superficial de corrente no condutor. A componente normal do campo magnético na superfície externa de um bom condutor é contínua.

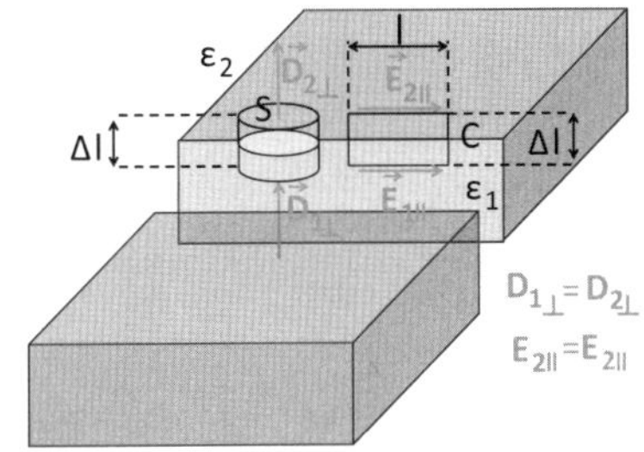

Figura I-21 – Condições de contorno para os campos E e D na interface entre dois dielétricos. A ilustração corresponde à interface entre um gás (permissividade ε_2) e um sólido (permissividade ε_1).

As condições de contorno relativas às componentes normais dos campos são obtidas pelas integrais de superfícies envolvendo esses campos, enquanto as condições de contorno relativas às componentes tangenciais são obtidas pelas integrais de linha. As Figuras I-21, I-22, e I-23 ilustram o procedimento, indicando uma superfície cilíndrica e um circuito retangular para a aplicação das integrais. Consideremos a Figura I-21. Pela Equação (I-27), as fontes do vetor $\vec{\boldsymbol{D}}$ são as cargas livres. Como não existem cargas livres na interface de dois dielétricos - somente cargas de polarização - a integral na superfície cilíndrica fechada deve ser nula. Quando $\Delta l \to 0$, somente as superfícies das bases do cilindro contribuem e as componentes normais do vetor D devem ser iguais. Note que as normais às superfícies do cilindro apontam "para fora" deste e a contribuição para o fluxo de $\vec{\boldsymbol{D}}$ no meio 1 é negativa, enquanto no meio 2 é positiva. Sendo iguais, elas se anulam.

O mesmo raciocínio pode ser aplicado à componente normal do campo magnético $\vec{\boldsymbol{B}}$ (Figura I-22) usando a Equação (I-6), já que não existem cargas magnéticas.

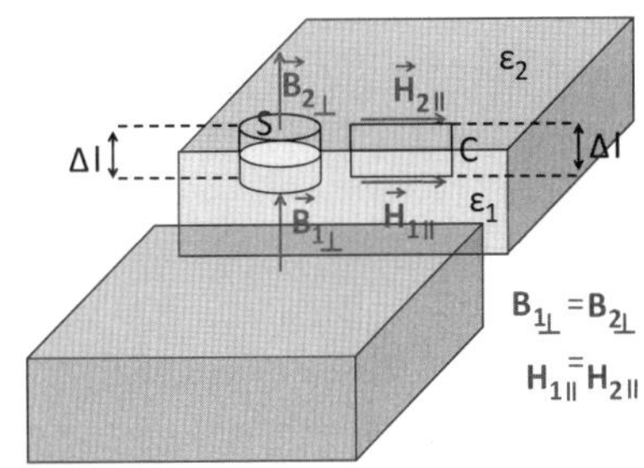

Figura I-22 – Condições de contorno para os campos B e H na interface entre dois dielétricos. A ilustração corresponde à interface entre um gás (permissividade ε_2) e um sólido (permissividade ε_1).

No caso do condutor (Figura I-23), existe carga superficial e o fluxo total de $\vec{\boldsymbol{D}}$ não é nulo. A única superfície que contribui para o fluxo é a base externa do cilindro. Temos então:

$$\oint_S \vec{\boldsymbol{D}} \cdot \hat{\boldsymbol{n}} dA = D_\perp S = \rho_{int} S \Delta l.$$

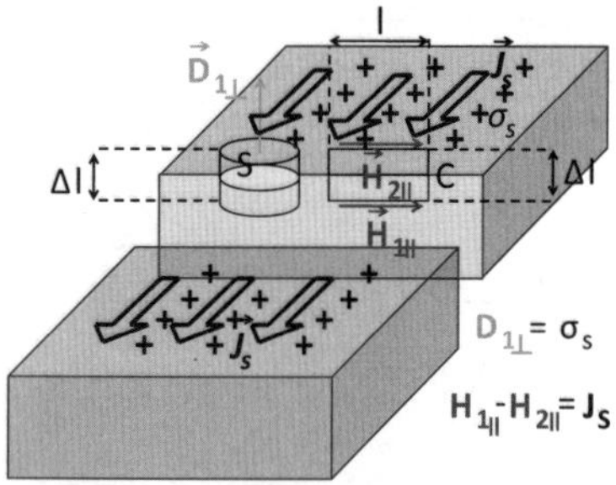

Figura I-23 – Condições de contorno para os campos D e H na superfície de um condutor. A ilustração corresponde à interface entre um gás e um condutor.

Quando $\Delta l \to 0$, $\rho_{int}\Delta l \to \sigma_s$ e, simplificando S, obtemos $D_\perp = \sigma$.

A metodologia para as integrais de linha é a mesma. Usando a Lei de Faraday (Equação (I-8)) no circuito C da Figura I-21 e notando que quando $\Delta l \to 0$ o fluxo do campo magnético tende a zero, vemos que a integral de linha do campo elétrico deve ser nula. Arbitrando a normal para fora da página, a contribuição de $E_{1\parallel}$ é positiva, enquanto a de $E_{2\parallel}$ é negativa, anulando a integral de linha se $E_{1\parallel} = E_{2\parallel}$. O mesmo raciocínio pode ser usado na Figura I-22, para o campo $\vec{\boldsymbol{H}}$, usando a Equação (I-29), e observando que não existe corrente de cargas livres na interface entre dois dielétricos.

Para condutores submetidos a campos externos variando com o tempo existe uma corrente superficial responsável por rearranjar as cargas superficiais. Nesse caso, a Equação (I-29) aplicada no circuito C, e tomando o sentido da normal como sendo o mesmo de Js, torna-se:

$$\oint_C \vec{\boldsymbol{H}} \cdot d\vec{\boldsymbol{l}} = (H_{1\parallel} - H_{2\parallel})l = i = Jl\Delta l.$$

Quando $\Delta l \to 0$, $J\Delta l \to J_s$ e, simplificando l, obtemos $(H_{1\parallel} - H_{2\parallel}) = J_s$.

PARTE II
PROPAGAÇÃO

CAPÍTULO II

A Equação de Onda

PROPAGAÇÃO DE UM PULSO

Vamos considerar a função $f(x)$ representada na Figura II-1. O deslocamento desta função por um valor "a" na direção positiva do eixo x resulta na função $f(x-a)$ representada na Figura II-2. O pulso inicia-se com o valor $f(x)=0$. No primeiro caso isso ocorre para $x=0$, e $f(0)=0$. No segundo caso isso ocorre para $x=a$, e $f(a-a)=f(0)=0$. Caso o deslocamento seja no sentido negativo do eixo x, a função deslocada seria representada por $f(x+a)$.

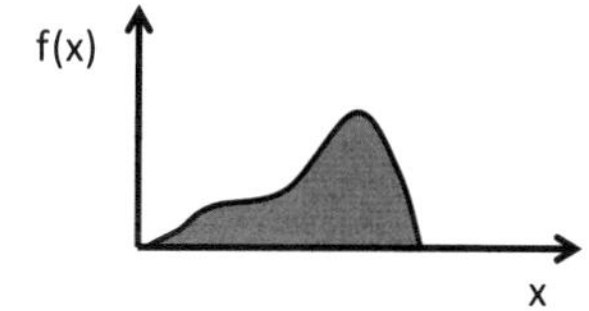

Figura II-1 – Função f(x) genérica representando a extensão espacial de um pulso.

Se esta função representar um pulso que se propaga na direção positiva do eixo x, com velocidade constante v, teremos que a posição do pulso será $a=vt$ e a descrição do pulso em movimento será dada pela função $f(x-vt)$. Assim, se, em $t=0$, uma função tem a forma $f(x)$, a substituição $x \to (x-vt)$ representará um pulso não dispersivo (isto é, cuja forma não se modifica) propagando-se na direção positiva do eixo x com velocidade v. Caso a função $f(x)$ seja periódica a substituição $x \to (x-vt)$ representará uma onda propagando-se com velocidade v no sentido positivo do eixo x.

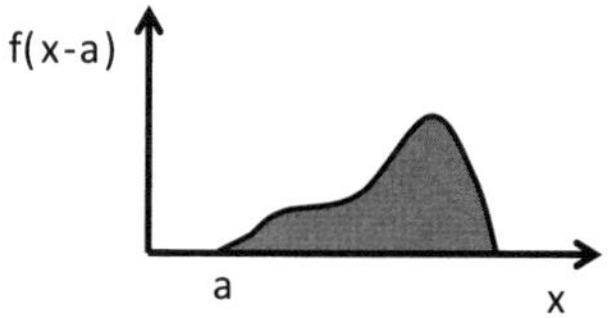

Figura II-2 – Pulso representado na Figura II.1 deslocado de "a" no sentido positivo do eixo *x*.

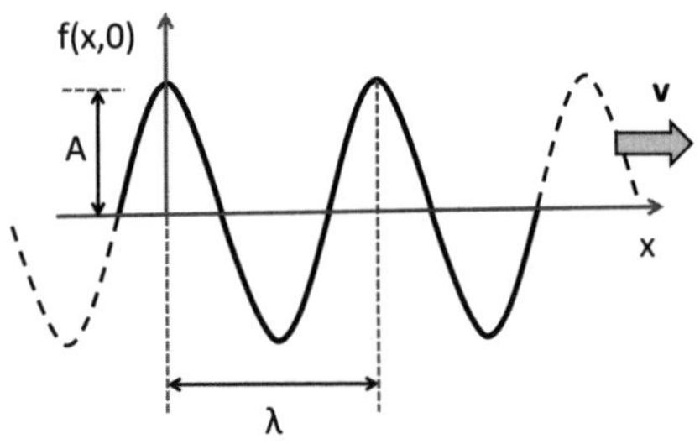

Figura II-3 – Parâmetros que caracterizam uma onda harmônica, representada no instante t = 0.

ONDAS HARMÔNICAS

No caso particular, mas muito comum na prática, em que a função $f(x)$ seja uma função periódica do tipo seno ou cosseno, a onda resultante denomina-se onda harmônica. A Figura II-3 ilustra a função $f(x) = A\,cos(kx)$ que representa uma onda harmônica no instante $t = 0$. Esta função tem uma amplitude A e um comprimento de onda (distância entre dois máximos consecutivos) λ. Como o valor da função cosseno é máximo quando o seu argumento é múltiplo de 2π, devemos ter que, para $x = \lambda$, $k\lambda = 2\pi$ e

$$k = \frac{2\pi}{\lambda}. \tag{II-1}$$

Para descrever uma onda com velocidade v, propagando-se no sentido positivo do eixo x, substituímos $x \to (x - vt)$, obtendo:

$$f(x,t) = A\cos(k(x - vt)) = A\cos(kx - kvt). \tag{II-2}$$

Para um observador fixo em $x = 0$, a propagação da onda é vista como um movimento periódico de frequência angular ω. Temos então, a partir da Equação (II-2):

$$f(0,t) = A\,cos(-kvt) = A\,cos(kvt) = \cos(\omega t).$$

Logo, $kv = \omega$. Como a frequência $f = 2\pi/\omega$, usando a Equação (II-1):

$$v = \frac{\omega}{k} = \frac{2\pi f}{2\pi/\lambda} = \lambda f. \tag{II-3}$$

Esta equação simplesmente reflete a observação intuitiva de que, para uma determinada velocidade de propagação, quanto menor o comprimento de onda maior é a frequência observada pelo observador fixo na origem.

A EQUAÇÃO DE ONDA EM UMA DIMENSÃO

Qualquer função do tipo $f\left(x \pm vt\right)$ satisfaz a uma equação diferencial específica, denominada equação de onda. Esta afirmativa pode ser facilmente verificada usando a função auxiliar $u = x - vt$ (utilizaremos o sinal negativo, mas a dedução é similar se o sinal for positivo) e fazendo $f\left(u\right) = f\left(x - vt\right)$. Calculando as derivadas parciais em relação a x e a t, temos:

$$\frac{\partial f}{\partial x} = \frac{df}{du}\frac{\partial u}{\partial x} = \frac{df}{du}1,$$

$$\frac{\partial^2 f}{\partial x^2} = \frac{\partial}{\partial x}\left(\frac{df}{du}\right) = \frac{d}{du}\left(\frac{df}{du}\right)\frac{du}{\partial x} = \frac{d^2 f}{du^2}1. \qquad \text{(II-4)}$$

Da mesma forma,

$$\frac{\partial f}{\partial t} = \frac{df}{du}\frac{\partial u}{\partial t} = \frac{df}{du}\left(-v\right),$$

$$\frac{\partial^2 f}{\partial t^2} = \left(-v\right)\frac{\partial}{\partial t}\left(\frac{df}{du}\right) = \left(-v\right)\frac{d}{du}\left(\frac{df}{du}\right)\frac{du}{\partial t} = \frac{d^2 f}{du^2}v^2. \qquad \text{(II-5)}$$

Combinando as Equações (II-4) e (II-5) obtemos:

$$\frac{d^2 f}{du^2} = \frac{\partial^2 f}{\partial x^2} = \frac{1}{v^2}\frac{\partial^2 f}{\partial t^2},$$

ou

$$\frac{\partial^2 f}{\partial x^2} - \frac{1}{v^2}\frac{\partial^2 f}{\partial t^2} = 0, \qquad \text{(II-6)}$$

que é a equação de onda a uma dimensão. A função $f(x,t)$ representa a grandeza física que é propagada e é determinada pelo agente causador da onda. Dois exemplos cotidianos ajudam a visualizar o conceito.

ONDAS TRANSVERSAIS E LONGITUDINAIS

Considere uma corda esticada na horizontal com uma das extremidades fixa e a outra extremidade segura pela mão do leitor. Se um movimento brusco é feito com a mão, deslocando verticalmente *a ponta* da corda, observa-se que este deslocamento *vertical* (função *f*) propaga-se (dependência em *t*) na direção *horizontal* (direção de propagação, *x*) e no sentido da extremidade fixa. A função $f(x - vt)$ descreve a propagação *horizontal* do deslocamento *vertical* de uma porção da corda e sua forma é estabelecida pela maneira como o movimento da mão foi realizado. Este tipo de onda é denominado onda transversal. Caso o deslocamento da mão seja único, será gerado um pulso. Caso o movimento da mão seja oscilante, será gerada uma onda harmônica. Nesse caso a mão do leitor (e seu movimento) é a fonte da onda.

Outro exemplo cotidiano é o som emitido por um aparelho de rádio, TV ou celular. O autofalante é a fonte das ondas sonoras, a grandeza física que se propaga é a variação da densidade do ar produzida pelo autofalante, e a forma da onda depende das variações de amplitude e de frequência do cone do autofalante, que vibra de acordo com o som original que se deseja reproduzir. Neste caso, a onda se propaga na mesma direção em que o autofalante comprime e distende o ar na sua vizinhança. Este tipo de onda é denominado onda longitudinal.

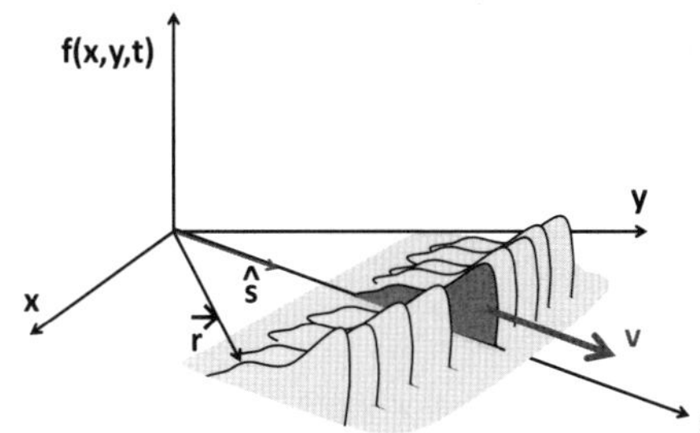

Figura II-4 – Ilustração de uma onda plana na forma de um pulso propagando-se na direção "s".

A EQUAÇÃO DE ONDA EM TRÊS DIMENSÕES

A escolha do eixo *x* para ilustrar a direção de propagação do pulso ilustrado nas Figuras I-1 e I-2 é arbitrária. A situação pode ser generalizada conforme ilustrado na Figura II-4, onde o pulso se propaga em uma direção arbitrária *s* no plano *xy*, indicada pelo vetor unitário $\hat{\boldsymbol{s}}$. O pulso propagante é agora descrito pela função *f(s-vt).*

Nesta figura foi feita uma segunda generalização: o pulso foi continuamente replicado na direção perpendicular a $\hat{\boldsymbol{s}}$ de modo a formar uma onda similar àquelas que podem ser observadas nos oceanos. Forma-se uma frente de onda - neste caso uma reta perpendicular a $\hat{\boldsymbol{s}}$ - que se propaga com velocidade *v*. É fácil ver pela figura que, como $\vec{\boldsymbol{r}} \cdot \hat{\boldsymbol{s}} = s$, a progressão temporal de qualquer seção reta da onda situada a uma distância $\vec{\boldsymbol{r}}$ da origem pode ser descrita pela função $f\left(x, y, t\right) = f(\vec{\boldsymbol{r}} \cdot \hat{\boldsymbol{s}} - vt) = f(s - vt)$, ou seja, a progressão temporal de qualquer seção reta da onda acompanha a progressão temporal da seção localizada no eixo *s*.

A generalização para três dimensões é imediata, *com a frente de onda passando a ser um plano* em vez de uma reta. A função que descreve uma onda plana no espaço tridimensional pode então ser escrita como:

$$f\left(x, y, z, t\right) = f\left(\vec{\boldsymbol{r}} \cdot \hat{\boldsymbol{s}} - vt\right) \qquad \text{(II-7)}$$

com

$$\hat{\boldsymbol{s}} = s_x\hat{\boldsymbol{x}} + s_y\hat{\boldsymbol{y}} + s_z\hat{\boldsymbol{z}}; \quad |\hat{\boldsymbol{s}}| = \sqrt{s_x^2 + s_y^2 + s_z^2} = 1 \tag{II-8}$$

e

$$\vec{\boldsymbol{r}} = x\hat{\boldsymbol{x}} + y\hat{\boldsymbol{y}} + z\hat{\boldsymbol{z}}. \tag{II-9}$$

No caso da função $f(x, y, z, t)$ ser uma função harmônica, o argumento pode ser expresso como $k(\vec{\boldsymbol{r}} \cdot \hat{\boldsymbol{s}} - vt) = \vec{\boldsymbol{k}} \cdot \vec{\boldsymbol{r}} - \omega t$, onde usamos a Equação II-3 e definimos $\vec{\boldsymbol{k}} = k\hat{\boldsymbol{s}}$. Temos então:

$$f(x, y, z, t) = A\cos(\vec{\boldsymbol{k}} \cdot \vec{\boldsymbol{r}} - \omega t) \tag{II-10}$$

para expressar uma onda harmônica propagando-se na direção $\vec{\boldsymbol{k}}$. O vetor $\vec{\boldsymbol{k}}$ é denominado vetor de onda.

A equação de onda a três dimensões pode ser obtida de forma análoga à usada para obter a equação de onda a uma dimensão. Fazendo

$$u = \vec{\boldsymbol{r}} \cdot \hat{\boldsymbol{s}} - vt = s_x x + s_y y + s_z z - vt,$$

temos:

$$\frac{\partial f}{\partial x} = \frac{df}{du}\frac{\partial u}{\partial x} = \frac{df}{du}s_x,$$

$$\frac{\partial^2 f}{\partial x^2} = s_x \frac{\partial}{\partial x}\left(\frac{df}{du}\right) = \frac{d^2 f}{du^2} s_x^2$$

e, de forma análoga:

$$\frac{\partial^2 f}{\partial y^2} = \frac{d^2 f}{du^2} s_y^2$$

$$\frac{\partial^2 f}{\partial z^2} = \frac{d^2 f}{du^2} s_z^2$$

$$\frac{\partial^2 f}{\partial t^2} = \frac{d^2 f}{du^2} v^2.$$

Que combinadas fornecem:

$$\frac{\partial^2 f}{\partial x^2} + \frac{\partial^2 f}{\partial y^2} + \frac{\partial^2 f}{\partial z^2} = (s_x^2 + s_y^2 + s_z^2)\frac{d^2 f}{du^2} = 1\frac{d^2 f}{du^2} = \frac{1}{v^2}\frac{\partial^2 f}{\partial t^2}$$

ou

$$\frac{\partial^2 f}{\partial x^2} + \frac{\partial^2 f}{\partial y^2} + \frac{\partial^2 f}{\partial z^2} - \frac{1}{v^2}\frac{\partial^2 f}{\partial t^2} = 0. \qquad \text{(II-11)}$$

A Equação (II-11) é a equação de onda a três dimensões. Esta equação pode ser escrita de forma mais sintética notando que a soma das derivadas espaciais é o Laplaciano da função $f(x, y, z, t)$. Assim:

$$\nabla^2 f - \frac{1}{v^2}\frac{\partial^2 f}{\partial t^2} = 0. \qquad \text{(II-12)}$$

FRENTES DE ONDA

Embora a equação de onda (Equações (II-11) ou (II-12) tenha sido obtida utilizando ondas planas, ela é geral. Este é um ponto importante e é consequência do princípio da superposição. Como a equação de onda é linear, uma superposição de soluções é também uma solução. Adicionalmente, pode ser demonstrado que qualquer função $f(x, y, z, t)$, solução da Equação (II-11), pode ser expressa por uma superposição de ondas planas. Assim, pela superposição de ondas planas pode-se construir uma solução para a Equação (II-11) cuja frente de onda tenha uma forma arbitrária. A forma da frente de onda que é observada depende do fenômeno físico que gera a onda, da geometria da fonte e da distância do ponto de observação à fonte. Um caso bidimensional familiar ajuda a perceber a relação entre a frente de onda e a geometria da fonte. Uma pedra lançada em uma superfície de água (lago, rio) apresenta uma frente de onda aproximadamente circular, diferentemente da frente de onda gerada por uma prancha larga lançada verticalmente paralela à superfície, que tende a reproduzir a forma geométrica da sua borda. Para fontes finitas, a frente de onda apresenta-se como circular (ou esférica, no caso tridimensional) para pontos muito afastados da fonte.

CAPÍTULO III

Propagação em meios confinados: cabo coaxial

CARACTERÍSTICAS DO CABO COAXIAL

O cabo coaxial consiste de um par de condutores, um interno, fino, e um externo, constituído por uma malha, conforme ilustra a Figura III-1. Entre os dois existe um dielétrico isolante, cujo material mais comum é o polietileno. Este conjunto é envolvido por uma capa de plástico ou borracha protetora.

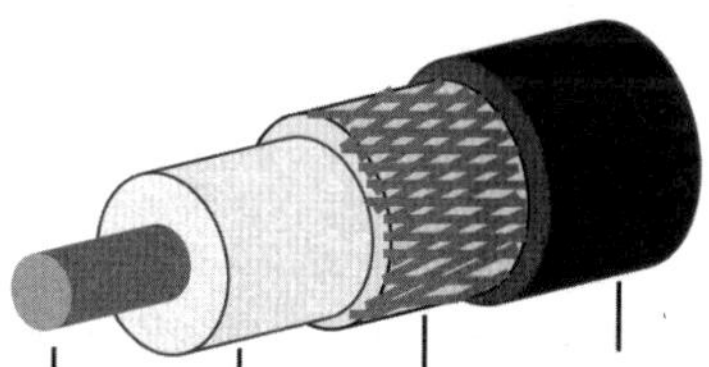

Figura III-1 – Estrutura física de um cabo coaxial.

Quando conectado a uma fonte DC (*Direct Current*) (uma pilha, por exemplo), ou a uma fonte AC (*Alternating Current*) de baixa frequência, como os 50 ou 60 Hz residenciais, o cabo coaxial tem características elétricas similares a um par de fios, conforme mostrado na Figura III-2. A corrente flui do condutor interno para o externo (ou vice-versa) passando pela resistência. Entretanto, o cabo coaxial não é usado para este tipo de conexão (energizar um eletrodoméstico, por exemplo) porque é mais oneroso do que um par de fios e não é projetado para suportar as correntes nominais relativamente altas desses eletrodomésticos. Por sua vez, o cabo coaxial é corriqueiramente utilizado para conectar a antena em aparelhos de TV ou para a transmissão de sinais de TV a cabo ou de internet em residências. Estes sinais têm frequências mais altas, na faixa de centenas de MHz a dezenas de GHz e são de baixa potência. Nesta

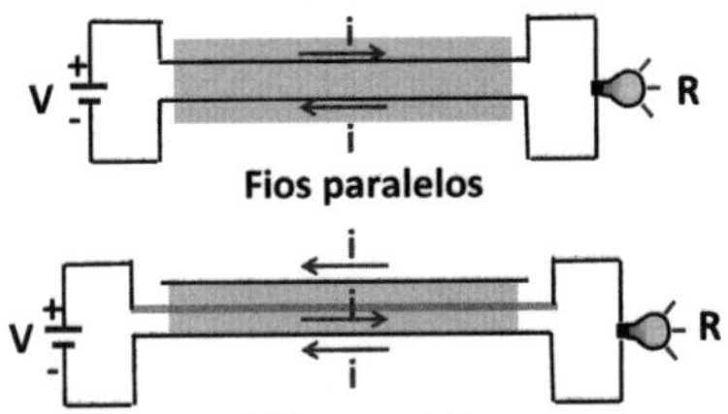

Figura III-2 – Conexão entre uma bateria e uma lâmpada utilizando um par de fios paralelos ou, alternativamente, um cabo coaxial.

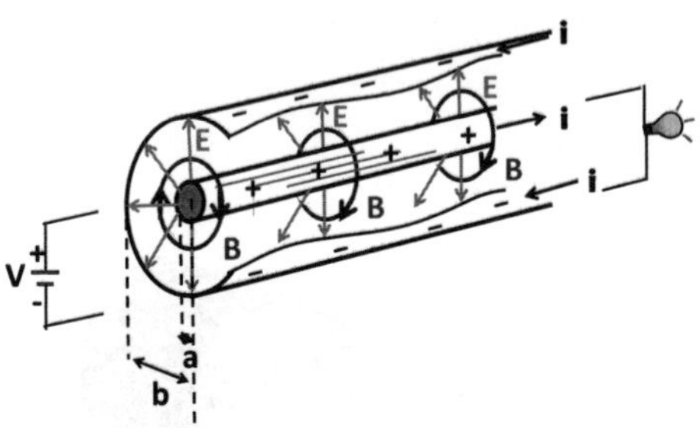

Figura III-3 – Ilustração dos campos elétrico (radial) e magnético (circunferencial) no interior de um cabo coaxial alimentado por uma fonte DC. As cargas superficiais e as correntes geradoras dos campos estão indicadas. Os campos não variam na direção longitudinal do cabo.

situação, o cabo coaxial é bem mais vantajoso do que o par de fios porque confina o campo eletromagnético entre os dois condutores, diminuindo consideravelmente as perdas por radiação. Este ponto ficará mais claro nos capítulos a seguir.

Utilizaremos o cabo coaxial para introduzir as ondas eletromagnéticas porque, além de ser usado corriqueiramente, o cabo coaxial tem simetria cilíndrica, o que permite soluções analíticas simples para os campos eletromagnéticos no seu interior.

CAMPOS INDEPENDENTES DO TEMPO NO CABO COAXIAL (DC)

Quando uma fonte de voltagem DC é conectada a um cabo coaxial, como diagramado na Figura III-2, o condutor interno fica positivamente carregado, enquanto o condutor externo fica negativamente carregado, com uma corrente elétrica percorrendo os dois condutores no sentido mostrado e fechando o circuito. O conjunto é eletricamente neutro e o deslocamento das cargas – tanto as que se movimentam ordenadamente formando uma corrente, quanto as que terminam por criar a distribuição das cargas estáticas – é feito pela bateria. Em virtude do aparecimento das cargas estáticas nos condutores e da corrente circulando, um campo elétrico e um campo magnético são produzidos na região entre os condutores, que é ocupada pelo dielétrico no caso prático. Os dois campos coexistem, como mostrado na Figura III-3, mas são independentes. Cada um deles tem a sua própria fonte: cargas ou correntes. Considerando o cabo coaxial como sendo muito longo, o campo elétrico corresponde ao de um fio longo com densidade de carga linear de carga λ, nesse caso distribuída na superfície dos condutores. O campo elétrico para este tipo de distribuição foi calculado anteriormente e dado pela Equação (I-2). Da mesma forma, o campo magnético corresponde ao de um fio longo percorrido por uma corrente i, também calculado anteriormente, e é dado pela Equação (I-17):

$$E = \frac{\lambda}{2\pi\varepsilon r} \qquad \text{(I-2)}$$

$$B = \frac{\mu}{2\pi r} i. \qquad \text{(I-17)}$$

Substituímos ε_0 e μ_0 por ε e μ para caracterizar o dielétrico. É fácil mostrar, usando as Leis de Gauss e Ampère, que os campos no exterior do cabo coaxial são nulos.

Como o campo eletrostático é conservativo, a diferença de potencial entre os dois condutores pode ser determinada por qualquer caminho que conecte o condutor interno ao externo. A escolha mais simples é uma reta na direção radial, no plano que define a seção reta do cabo:

$$V = \int_a^b \vec{E} \cdot d\vec{r} = \frac{\lambda}{2\pi\varepsilon} \int_a^b \frac{dr}{r} = \frac{\lambda \ln\left(\frac{b}{a}\right)}{2\pi\varepsilon}. \qquad \text{(III-1)}$$

Que relaciona V e λ. O campo elétrico pode então ser expresso em termos da diferença de potencial como:

$$E = \frac{V}{r \ln\left(\frac{b}{a}\right)}. \qquad \text{(III-2)}$$

Os campos elétrico e magnético têm a mesma dependência radial, de modo que a razão entre eles depende somente das características geométricas do cabo, e da resistência de carga. Na prática, a permeabilidade magnética do dielétrico é muito próxima à do vácuo. Combinando as Equações (III-2) e (I-17), obtemos:

$$\frac{E}{B} = \frac{2\pi}{\mu_0 \ln\left(\frac{b}{a}\right)}\left(\frac{V}{i}\right) \qquad \text{(III-3)}$$

onde, neste caso, $V/i = R$.

Quando um circuito é fechado, aparecem cargas estáticas ao longo dos condutores, uma corrente circulando, um campo elétrico e um campo magnético em toda a extensão do circuito, com energia sendo transferida da bateria para a resistência. Estes ingredientes existem independentemente da forma geométrica dos condutores, sejam eles paralelos ou coaxiais.

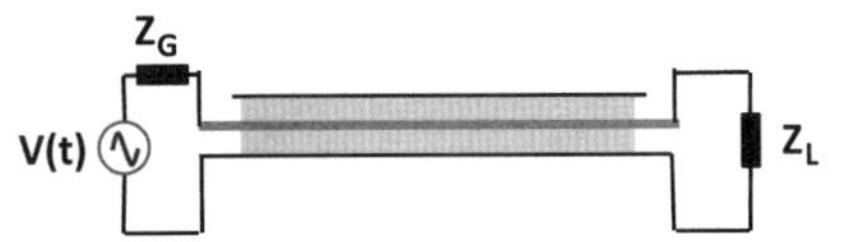

Figura III-4 – Cabo coaxial conectando uma resistência de carga a uma fonte de voltagem alternada.

CAMPOS DEPENDENTES DO TEMPO NO CABO COAXIAL (AC)

Quando a bateria é substituída por uma fonte de voltagem alternada a situação muda drasticamente. Consideraremos que a fonte pode ter uma frequência arbitrária, incluindo os 60 Hz residenciais até centenas de GHz, na faixa de micro-ondas. A conexão é diagramada na Figura III-4, em que completamos o circuito incluindo uma impedância da fonte, o que na prática sempre existe, além da impedância da carga. O termo impedância é usado para designar combinações de capacitores e indutores, além de resistências. Neste texto nos limitaremos a analisar somente elementos resistivos.

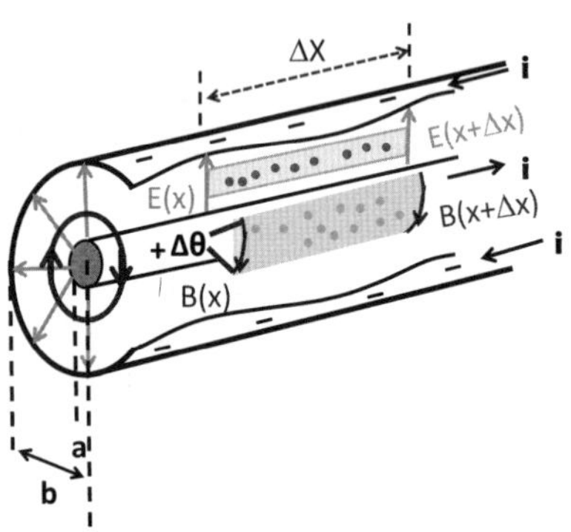

Figura III-5 – Cabo coaxial alimentado por uma fonte de voltagem alternada. A variação temporal dos campos elétrico e magnético resulta em uma variação espacial desses campos na direção longitudinal do cabo.

A Figura III-5 ilustra o comportamento dos campos no interior do cabo. As cargas e as correntes variam com o tempo assim como os campos elétrico e magnético. Consideremos um caminho retangular (de comprimento Δx na Figura III-5) apoiado em uma superfície plana longitudinal ao cabo. Como existe variação temporal de fluxo do campo magnético na superfície apoiada neste caminho, pela Lei de Faraday, a integral de linha do campo elétrico não é zero, isto é $E(x+\Delta x) \neq E(x)$. No caso da corrente contínua, $d\Phi_B/dt = 0$, $E(x+\Delta x) = E(x)$ e o campo elétrico é o mesmo ao longo de toda a extensão do cabo. Ou seja, quando o *campo magnético varia no tempo, o campo elétrico varia no espaço* (direção *x*). Note que a contribuição dos dois lados do caminho, longitudinais ao cabo e de comprimento Δx, são nulas porque $\vec{\boldsymbol{E}} \cdot d\vec{\boldsymbol{l}} = 0$. Chamando o comprimento do lado transversal do caminho retangular por Δr, e arbitrando a normal no sentido do campo magnético indicado, temos:

$$\oint \vec{\boldsymbol{E}} \cdot d\vec{\boldsymbol{l}} = \left[E(x+\Delta x) - E(x)\right]\Delta r.$$

O fluxo do campo magnético na superfície retangular apoiada no caminho é:

$$\Phi_B = \int \vec{\boldsymbol{B}} \cdot \hat{\boldsymbol{n}} dA = B\Delta r \Delta x$$

e

$$\frac{d\Phi_B}{dt} = \frac{\partial B}{\partial t}\Delta r \Delta x.$$

Pela Lei de Faraday,

$$\oint \vec{\boldsymbol{E}} \cdot d\vec{\boldsymbol{l}} = \left[E(x+\Delta x) - E(x)\right]\Delta r = -\frac{d\Phi_B}{dt} = -\frac{\partial B}{\partial t}\Delta r \Delta x.$$

Simplificando, dividindo por Δx fazendo $\Delta x \to 0$, e explicitando a dependência de $\vec{\boldsymbol{E}}$ e $\vec{\boldsymbol{B}}$ em *r*, *x* e *t*, obtemos:

$$\frac{\partial E(r,x,t)}{\partial x} = -\frac{\partial B(r,x,t)}{\partial t}. \qquad \text{(III-4)}$$

De modo análogo, um campo elétrico variando no tempo gera um campo magnético variando no espaço. Considere o caminho parcialmente ajustado às linhas de campo do campo magnético e parcialmente longitudinal (de abertura angular $\Delta\theta$). A superfície apoiada neste caminho é a seção lateral de um cilindro. Como existe um fluxo do campo elétrico variando no tempo nesta superfície, a integral de linha do campo magnético não é nula. Portanto, devemos ter que $B(x+\Delta x) \neq B(x)$, e o campo magnético varia ao longo do cabo. Quando o *campo elétrico varia no tempo, o campo magnético varia no espaço* (direção *x*). As contribuições das duas partes longitudinais do caminho, paralelas a Δx, são nulas já que $\vec{\boldsymbol{B}} \cdot d\vec{\boldsymbol{l}} = 0$. Arbitrando o sentido da normal como sendo o do campo elétrico indicado e lembrando a regra da mão direita para determinar o sentido do caminho temos:

$$\oint \vec{\boldsymbol{B}} \cdot d\vec{\boldsymbol{l}} = \left[B(x) - B(x+\Delta x)\right] r\Delta\theta.$$

O fluxo do campo elétrico na superfície cilíndrica é:

$$\Phi_E = \int \vec{\boldsymbol{E}} \cdot \hat{\boldsymbol{n}} dA = Er\Delta\theta\Delta x,$$

e

$$\frac{d\Phi_E}{dt} = \frac{\partial E}{\partial t} r\Delta\theta\Delta x.$$

Como não há corrente de condução atravessando a superfície cilíndrica, o primeiro termo da Lei de Ampère-Maxwell (Equação (I-14)) é nulo e somente o termo correspondente à corrente de deslocamento persiste. Então:

$$\oint \vec{B} \cdot d\vec{l} = -\left[B(x+\Delta x) - B(x)\right] r\Delta\theta = \mu\varepsilon \frac{d\Phi_E}{dt} = \mu\varepsilon \frac{\partial E}{\partial t} r\Delta\theta\Delta x.$$

Simplificando, dividindo por Δx fazendo $\Delta x \to 0$, e explicitando a dependência de E e B em r, x e t, obtemos:

$$\frac{\partial B(r,x,t)}{\partial x} = -\mu\varepsilon \frac{\partial E(r,x,t)}{\partial t}. \qquad \text{(III-5)}$$

A equação de onda a uma dimensão (Equação (II-6)) pode ser obtida a partir das Equações (III-4) e (III-5), derivando a primeira em relação a x e permutando a ordem da derivação em relação a x e t. Obtemos:

$$\frac{\partial^2 E}{\partial x^2} = -\frac{\partial^2 B}{\partial x \partial t} = -\frac{\partial^2 B}{\partial t \partial x} = -\frac{\partial}{\partial t}\left(-\mu\varepsilon \frac{\partial E}{\partial t}\right) = \mu\varepsilon \frac{\partial^2 E}{\partial t^2}.$$

Logo,

$$\frac{\partial^2 E}{\partial x^2} - \mu\varepsilon \frac{\partial^2 E}{\partial t^2} = 0. \qquad \text{(III-6)}$$

A comparação da Equação (III-6) com a Equação (II-6) fornece a velocidade de propagação da onda:

$$v = \frac{1}{\sqrt{\mu\varepsilon}}. \qquad \text{(III-7)}$$

No caso hipotético do meio entre os dois condutores ser o vácuo, a velocidade de propagação seria:

$$c = \frac{1}{\sqrt{\mu_0 \varepsilon_0}} = 2,99792 \times 10^8 \, \text{m/s} \tag{III-8}$$

que é o valor da velocidade da luz no vácuo.

Uma análise similar fornece a mesma equação de onda para o campo magnético:

$$\frac{\partial^2 B}{\partial x^2} - \mu\varepsilon \frac{\partial^2 B}{\partial t^2} = 0. \tag{III-9}$$

A dedução acima mostra que a onda eletromagnética *se propaga devido aos campos elétrico e magnético induzidos mutuamente*. No caso DC não há onda *no estado estacionário* porque não há campos variando com o tempo e, portanto, não são produzidos campos de indução. Especificamos *estado estacionário* porque imediatamente após um circuito DC ser ligado é produzida uma onda eletromagnética transiente que torna os condutores progressivamente carregados na direção x (na velocidade de propagação da onda, próxima à da luz) até atingir a resistência de carga, Z_L, onde se inicia o retorno da corrente circulante. Este processo pode gerar uma onda refletida na resistência de carga, que não consideramos no momento, mas que vamos analisar com mais detalhes no Capítulo VI. Existe um valor particular de Z_L, muito importante de ser considerado quando o cabo é utilizado para confinar ondas eletromagnéticas de alta frequência, para a qual não há onda refletida. Este valor está associado a uma grandeza denominada *impedância característica do cabo*, que será vista adiante.

RELAÇÃO ENTRE *E* E *B* NO MODO TEM

A onda eletromagnética descrita na seção anterior é denominada TEM (*Transverse Electro-Magnetic*), porque tanto o campo elétrico quanto o campo magnético estão sempre perpendiculares à direção de propagação. As soluções para as equações de onda (III-6) e (III-9) são funções do tipo $f\left(x-\omega t\right)$. No caso da função $f\left(x,t\right)$ ser uma função harmônica, o campo elétrico pode ser expresso como:

$$E\left(r,x,t\right)=E=E_0\cos(kx-\omega t) \qquad \text{(III-10)}$$

onde E_0 é dado pela Equação III-2:

$$E_0=\frac{V_0}{r\ln\left(\frac{b}{a}\right)}. \qquad \text{(III-2)}$$

Aqui cabe uma observação importante a respeito da equação acima. Os campos eletromagnéticos que se propagam no cabo são produzidos por indução e, portanto, são não conservativos. Por este motivo não é possível definir de forma única uma diferença de potencial entre o condutor interno e o externo do cabo. Entretanto, como os dois campos são transversos, é possível definir uma diferença de potencial para cada plano que coincida com a seção reta do fio. A situação é ilustrada na Figura III-6. Não existe fluxo de *E* ou de *B* atravessando um circuito fechado qualquer contido neste plano, como o circuito C_1, por exemplo. Isso indica que, neste plano, a integral de linha é independente do caminho. Dessa forma, qualquer caminho C_2, *apoiado neste plano*, que conecte os dois condutores fornecerá a mesma diferença de potencial.

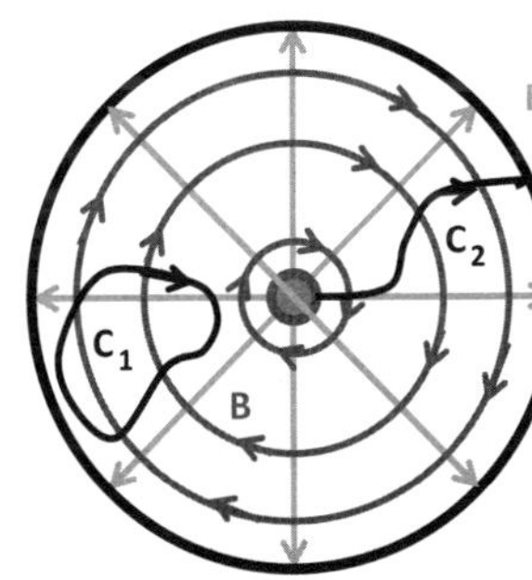

Figura III-6 – Campos transversos em um cabo coaxial e caminhos utilizados para o cálculo das integrais de linha do campo elétrico.

Se mudarmos de plano a diferença de potencial entre os dois condutores muda (contrariamente ao caso DC) e varia para cada posição x do cabo na forma:

$$V = V_0 \cos(kx - \omega t). \tag{III-11}$$

Esta interpretação permite associar a descrição da propagação dos campos no cabo coaxial baseada nos campos elétrico e magnético com a descrição baseada na voltagem e na corrente.

A onda harmônica dada pela Equação (III-10) deve satisfazer às Equações (III-4) e (III-5). Daí vem que:

$$\frac{\partial E(r,x,t)}{\partial x} = -kE_0 sen(kx - \omega t) = -\frac{\partial B(r,x,t)}{\partial t},$$

$$\frac{\partial B(r,x,t)}{\partial t} = kE_0 sen(kx - \omega t).$$

Integrando no tempo, fornece:

$$B(r,x,t) = \frac{k}{\omega} E_0 \cos(kx - \omega t) = B_0 \cos(kx - \omega t). \tag{III-12}$$

Lembrando que para ondas harmônicas $\omega / k = v$ obtemos:

$$E_0 = vB_0. \tag{III-13}$$

No caso do meio ser o vácuo, temos:

$$E_0 = cB_0. \tag{III-14}$$

Em uma onda TEM *caminhante* (onda que se propaga em uma direção sem ser modificada por ondas refletidas – idealmente em um cabo coaxial infinito), *os campos elétrico e magnético estão em fase e a relação entre suas amplitudes para cada x e t é constante e igual à velocidade de propagação.* A Figura III-7 ilustra a distribuição de campos. As ondas de voltagem e de corrente também estão em fase entre si e em fase com os campos. Estas propriedades são válidas para qualquer forma de onda (um pulso, por exemplo) e não se limitam a ondas harmônicas.

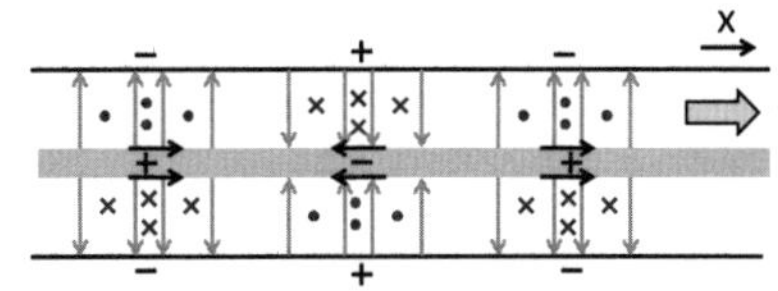

Figura III-7 – Ilustração dos campos elétrico (setas) e magnético (pontos e cruzes) em uma onda TEM propagando-se em um cabo coaxial.

Além disso, a Figura III-5, mostra duas propriedades adicionais importantes das ondas TEM: (i) os campos elétrico e magnético são ortogonais, isto é:

$$\vec{\boldsymbol{E}} \cdot \vec{\boldsymbol{B}} = 0 \tag{III-15}$$

e (ii),

$$\vec{\boldsymbol{E}} \times \vec{\boldsymbol{B}} = EB\hat{\boldsymbol{x}} \tag{III-16}$$

o produto vetorial dos campos elétrico e magnético está na direção e no sentido da propagação da onda. A Figura III-7 mostra que, para cada semiciclo, os *dois* campos se invertem, mas a direção de propagação permanece a mesma.

IMPEDÂNCIA CARACTERÍSTICA DO CABO COAXIAL

A Equação (III-3) relaciona a razão entre os módulos dos campos elétrico e magnético com a razão entre a voltagem entre os condutores e a corrente percorrendo o cabo. Esta relação permanece válida para as ondas caminhantes. Entretanto, ao contrário do caso DC, onde o valor da relação *E*/*B* é fixado pela resistência de carga, *R*, no caso das ondas caminhantes o valor de $E/B = v$ é fixado pela velocidade de propagação, consequência do acoplamento dos campos elétrico e magnético pela Lei de Faraday (Equação (III-4)) e pela Lei de Maxwell (Equação (III-5)), situação inexistente no caso DC.

Como consequência, a *onda de voltagem*, $V(x,t) = V_0 f(x - vt)$ e a *onda de correntei*$(x,t) = i_0 f(x - vt)$ são proporcionais, e a razão $V(x,t)/i(x,t)$ é constante. Esta constante é denominada impedância característica do cabo, Z_c. Pela Equação (III-3), obtemos:

$$\frac{E}{B} = v = \frac{2\pi}{\mu \ln\left(\frac{b}{a}\right)}\left(\frac{V}{i}\right) = \frac{2\pi}{\mu \ln\left(\frac{b}{a}\right)} Z_c \qquad \text{(III-17)}$$

ou

$$Z_C = \frac{\mu v}{2\pi} \ln\left(\frac{b}{a}\right). \qquad \text{(III-18)}$$

Para a maioria dos dielétricos $\mu \cong \mu_0$ e $v = \left(1/\sqrt{\varepsilon_r}\right)c$, expressa em termos da permissividade relativa (constante dielétrica) $\varepsilon = \varepsilon_r \varepsilon_0$. Daí vem que $\mu v = \left(1/\sqrt{\varepsilon_r}\right)\mu_0 c$. A grandeza $\mu_0 c$ é denominada impedância característica do vácuo:

$$Z_0 = \mu_0 c = \left(4\pi \times 10^{-7}\,\frac{Tm}{A}\right)\left(3\times 10^{8}\,\frac{m}{s}\right) = 120\pi\ \Omega. \qquad \text{(III-19)}$$

E a impedância característica do cabo pode ser escrita como:

$$Z_C(\Omega) = \frac{60}{\sqrt{\varepsilon_r}}\ln\left(\frac{b}{a}\right). \qquad \text{(III-20)}$$

A onda caminhante propaga-se no cabo sem ser perturbada (desprezando as perdas ôhmicas) desde que a relação entre a voltagem e a corrente seja Z_c. Caso ocorra uma mudança brusca da relação entre a voltagem e a corrente, seja pela mudança de Z_c devido, por exemplo, a uma mudança de b/a ocasionada por uma dobra no cabo, ou por uma terminação $Z_L \neq Z_c$, os campos não são mais descritos por uma única onda caminhante, mas pela sua superposição com ondas refletidas de modo a satisfazer a nova condição de contorno que está sendo imposta. Esta situação será vista com mais detalhes no Capítulo VI.

Os cabos coaxiais são encontrados no mercado pela designação RG (*Radio Guide*), cunhada na Segunda Guerra Mundial e padronizados para várias impedâncias características. A Tabela III-1 descreve alguns tipos comuns, suas principais aplicações e as características físicas conforme a ANATEL. Dielétricos comumente usados são o polietileno ou teflon espuma ($\varepsilon_r = 1{,}5$), o polietileno sólido ($\varepsilon_r = 2{,}25$), ou o teflon sólido ($\varepsilon_r = 2{,}05$).

Tabela III-1

		Diâmetros (mm)			
	z_0 (Ω)	Condutor interno	Dielétrico	Capa externa	Usos
RG-6	75	1,02	4,45	6,80	TV e internet doméstica
RG-11	75	1,63	7,24	10,00	HDTV
RG-58	50	0,9	2,94	4,95	Eletrônica NIM
RG-59	75	0,574	3,7	6,15	CCTV

HDTV	TV de alta definição
CCTV	TV de circuito fechado
NIM	Módulo de Instrumentação Nuclear

TRANSFERÊNCIA DE ENERGIA: VETOR DE POYNTING

O cabo coaxial é um meio capaz de transferir energia da fonte até a carga sem muitas perdas. Uma pergunta importante associada a este fato é como se dá esta transferência. A resposta é dada pelas Equações de Maxwell, que indicam que os campos elétrico e magnético, ao se propagar, transportam energia. Este resultado será mostrado a seguir.

CONSERVAÇÃO DA CARGA

Vamos considerar inicialmente a conservação da carga. Imaginemos que existam cargas no interior de uma superfície fechada e que cargas saiam de seu interior formando uma corrente. A conservação da carga pode ser expressa simplesmente afirmando que a carga que sai do interior da superfície somada à carga que permanece no seu interior é constante, isto é:

$$q_{sai} + q_{int} = cte.$$

Derivando toda a equação em relação ao tempo temos:

$$\frac{dq_{sai}}{dt} + \frac{dq_{int}}{dt} = 0.$$

Mas, por definição de corrente:

$$\frac{dq_{sai}}{dt} = i = \oint_s \vec{J} \cdot \hat{\boldsymbol{n}} dA, \qquad \text{(III-21)}$$

ou seja, a carga que "sai" pode ser expressa como o fluxo do vetor densidade de corrente ao longo da superfície fechada de elemento de área dA (Figura III-8). Combinando as duas últimas equações obtemos:

$$\frac{dq_{int}}{dt} + \oint_s \vec{J} \cdot \hat{\boldsymbol{n}} dA = 0. \qquad \text{(III-22)}$$

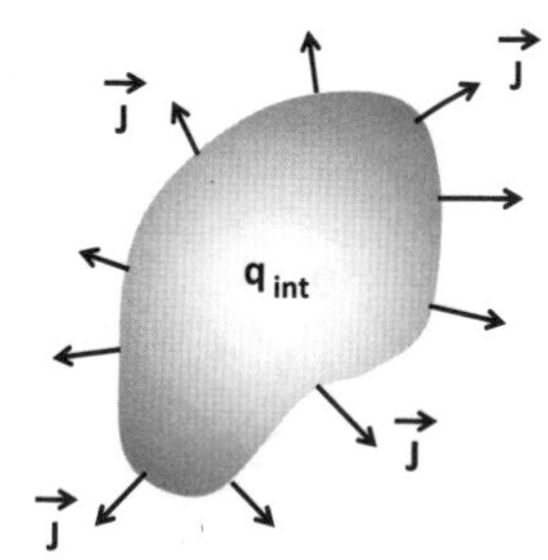

Figura III-8 – Ilustração do fluxo de carga saindo de uma superfície fechada.

A Equação (III-22) é denominada *equação de continuidade* e expressa a conservação da carga. Naturalmente, se existirem cargas entrando no interior da superfície, a integral acima representa o fluxo líquido, resultado da soma do fluxo positivo das cargas que saem do volume com o fluxo negativo ($\vec{J}$ tem o sentido contrário à normal à superfície neste caso) das cargas que entram no volume.

CONSERVAÇÃO DA ENERGIA

Vamos usar a mesma argumentação acima para descrever a conservação da energia. Consideremos que exista energia associada aos campos eletromagnéticos no volume delimitado por uma superfície fechada (que envolva um telefone celular, por exemplo) e energia eletromagnética saindo do volume delimitado pela superfície (o sinal de *Wi-Fi* (*Wireless Fidelity*), por exemplo). A imposição da conservação da energia fornece:

$$U_{sai} + U_{int} = cte.$$

Derivando toda a equação em relação ao tempo temos:

$$\frac{dU_{sai}}{dt} + \frac{dU_{int}}{dt} = 0.$$

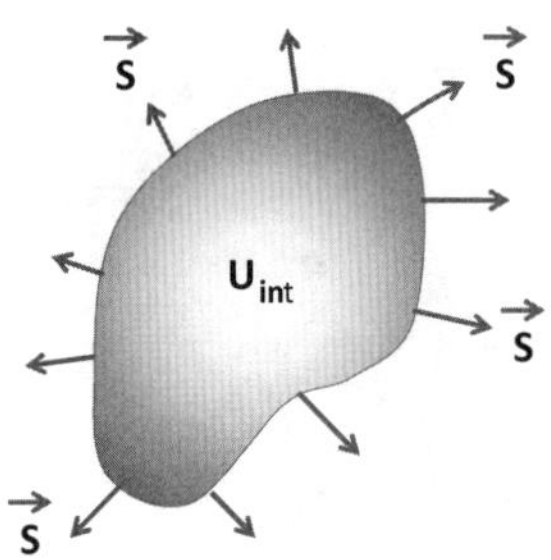

Figura III-9 – Ilustração do fluxo de energia saindo de uma superfície fechada.

Por analogia à conservação da carga, vamos associar a energia que sai através da superfície a um campo vetorial $\vec{S}$, conforme ilustra a Figura III-9, campo vetorial este que, por enquanto, é desconhecido:

$$\frac{dU_{sai}}{dt} = \oint_s \vec{S} \cdot \hat{n}\, dA. \qquad \text{(III-23)}$$

A expressão para a conservação da energia pode ser representada como:

$$\frac{dU_{int}}{dt} + \oint_s \vec{S} \cdot \hat{n}\, dA = 0. \tag{III-24}$$

Pela Equação (III-24) pode-se ver que a unidade do vetor S é potência (dU/dt) por área, isto é, W/m^2 no sistema MKS.

Se $\vec{S}$ é o vetor que indica a direção e sentido do transporte de energia eletromagnética de uma região para outra, no caso do cabo coaxial este vetor deve ter a direção e sentido orientado da fonte para a carga. O produto vetorial $\vec{E} \times \vec{B}$ (Equação (III-16)) dos campos associados à onda caminhante tem esta propriedade, apontando do gerador para a carga independentemente do ciclo da onda. É razoável supor que o vetor $\vec{S}$ deva ser proporcional a este produto vetorial e uma análise dimensional reforça a associação. Lembrando que o produto da voltagem pela corrente tem a dimensão de potência e usando a definição de potencial (Equação (I-13)) e a Lei de Ampère temos: $[V][i]=([E][L])([B][L]/\mu_0)=[E][B][L^2]/\mu_0$. Portanto, $[E][B]/\mu_0$ tem a dimensão de $[V][i]/[L^2]$, ou seja, potência por unidade de área, que é a unidade prevista para o vetor $\vec{S}$. O vetor assim definido,

$$\vec{S} = \frac{1}{\mu_0} \vec{E} \times \vec{B}, \tag{III-25}$$

é denominado vetor de Poynting, em homenagem a John Henry Poynting pelo trabalho pioneiro em abordar a questão do transporte de energia eletromagnética em termos das equações de Maxwell.

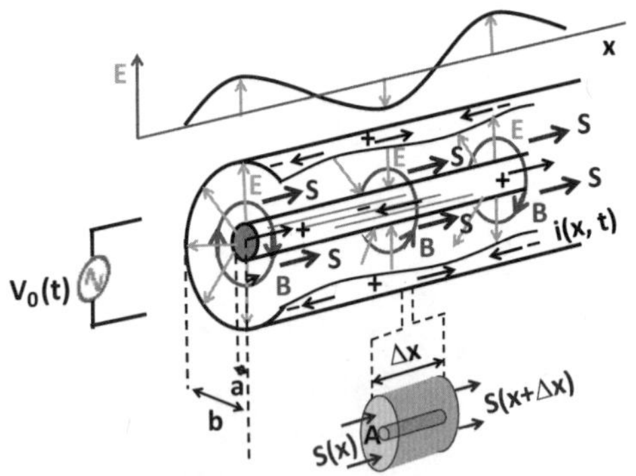

Figura III-10 – Cilindro de trabalho para o cálculo do transporte de energia no cabo coaxial. O cilindro é coaxial ao cabo e interno à região entre os dois condutores.

TRANSPORTE DE ENERGIA NO CABO COAXIAL

A energia por unidade de tempo que flui através de uma seção reta do cabo coaxial pode ser calculada usando o vetor de Poynting (Equação (III-25)), com o auxílio das Equações (I-17) e (III-2), que relacionam o campo magnético com a corrente e o campo elétrico com a voltagem, respectivamente. Como estes campos dependem da distância radial ao eixo do cabo, o fluxo do vetor de Poynting deve ser calculado integrando-se sobre a área entre os condutores, na seção reta localizada na posição x e em um instante t (ver Figura III-10):

$$\Phi_s = \int \vec{S}\cdot\hat{\boldsymbol{n}}\, dA = \int_a^b \frac{1}{\mu_0} E(r,x,t)\, B(r,x,t)\, 2\pi r dr =$$

$$= \int_a^b \frac{1}{\mu_0}\left(\frac{\mu_0 i(x,t)}{2\pi r}\right)\left(\frac{V(x,t)}{r\ln\left(\frac{b}{a}\right)}\right) 2\pi r\, dr = V(x,t)\, i(x,t), \qquad \text{(III-26)}$$

onde supomos que $\mu = \mu_0$. Este resultado mostra que, no caso de não haver perdas nos condutores ou no dielétrico, como estamos admitindo, a potência fornecida pelo gerador é integralmente transportada ao longo do cabo coaxial até a resistência de carga. Esta energia é transportada pelos campos elétrico e magnético da onda caminhante com a velocidade de propagação da onda no cabo que, no caso hipotético de não haver dielétrico, seria a velocidade da luz no vácuo. A dedução acima não se restringe ao caso AC e também vale para o caso DC, onde também existe um fluxo contínuo de energia da fonte para a resistência de carga e que só ocorre se *ambos* os campos estiverem presentes. Por exemplo, se a corrente for interrompida, o campo magnético desaparece e também o fluxo de energia.

ENERGIA ARMAZENADA NOS CAMPOS ELÉTRICO E MAGNÉTICO

Como existem cargas e correntes nos condutores do cabo coaxial, deve haver também energia armazenada em cada elemento de comprimento do cabo. Esta energia pode ser computada usando-se a equação de conservação (III-24).

Vamos considerar um elemento de volume (fechado) cilíndrico, de comprimento Δx, e englobando a região entre os condutores, conforme indicado na Figura III-10. De acordo com a Equação (III-24) temos (observando que a normal está sempre apontando para fora da superfície) para $\Delta x \to 0$:

$$-\frac{dU_{int}}{dt} = \Phi_s(x+\Delta x) - \Phi_s(x) = \int_a^b [S(x+\Delta x) - S(x)] 2\pi r dr =$$

$$= \int_a^b \frac{[S(x+\Delta x) - S(x)]}{\Delta x} 2\pi r dr \Delta x = \int_a^b \frac{\partial S}{\partial x} 2\pi r dr dx. \qquad \text{(III-27)}$$

Mas, de acordo com a Equação (III-25),

$$\frac{\partial S}{\partial x} = \frac{1}{\mu_0}\left(E\frac{\partial B}{\partial x} + \frac{\partial E}{\partial x}B\right).$$

Usando as Equações (III-4) e (III-5), obtemos:

$$\frac{\partial S}{\partial x} = -\frac{1}{\mu_0}\left(\mu_0 \varepsilon E\frac{\partial E}{\partial t} + \frac{\partial B}{\partial t}B\right) = -\frac{\partial}{\partial t}\left(\frac{\varepsilon E^2}{2} + \frac{B^2}{2\mu_0}\right). \qquad \text{(III-28)}$$

Portanto, pela Equação (III-27):

$$\frac{dU_{int}}{dt}=\frac{d}{dt}\int_a^b\left(\frac{\varepsilon E^2}{2}+\frac{B^2}{2\mu_0}\right)2\pi r dr\Delta x, \tag{III-29}$$

ou seja, a energia interna ao volume *também pode ser expressa em termos dos campos elétrico e magnético*. Como $dV=2\pi r dr dx$ é o elemento de volume, podemos definir a densidade de energia dos campos elétrico e magnético como:

$$u_{int}=\frac{dU_{int}}{dV}=\frac{\varepsilon E^2}{2}+\frac{B^2}{2\mu_0}. \tag{III-30}$$

Para uma onda caminhante, a razão entre os módulos dos campos elétrico e magnético é igual à velocidade de propagação. Usando a Equação (III-7) e $\mu=\mu_0$, obtemos:

$$u_E=\frac{\varepsilon E^2}{2}=\frac{\varepsilon(vB)^2}{2}=\frac{B^2}{2\mu_0}=u_B, \tag{III-31}$$

ou seja, as densidades de energia armazenadas nos campos elétrico e magnético são iguais.

Apesar de deduzida para o cabo coaxial, esta expressão é geral. Isso pode ser visto utilizando-se a Equação (III-24), o teorema de Gauss, a identidade vetorial $\vec{\nabla}\cdot(\vec{\boldsymbol{A}}\times\vec{\boldsymbol{B}})=\vec{\boldsymbol{B}}\cdot\vec{\nabla}\times\vec{\boldsymbol{A}}-\vec{\boldsymbol{A}}\cdot\vec{\nabla}\times\vec{\boldsymbol{B}}$, e as leis de Faraday e de Maxwell:

$$
\begin{aligned}
-\frac{dU_{int}}{dt} &= \oint_s \vec{S}\cdot\hat{n}dA = \int_V \vec{\nabla}\cdot\vec{S}dV \\
&= \frac{1}{\mu_0}\int_V \vec{\nabla}\cdot\left(\vec{E}\times\vec{B}\right)dV = \frac{1}{\mu_0}\int_V\left(\vec{B}\cdot\vec{\nabla}\times\vec{E}-\vec{E}\cdot\vec{\nabla}\times\vec{B}\right)dV \\
&= -\frac{1}{\mu_0}\int_V\left(\vec{B}\cdot\frac{\partial\vec{B}}{\partial t}+\mu_0\varepsilon\vec{E}\cdot\frac{\partial\vec{E}}{\partial t}\right)dV \\
&= -\frac{d}{dt}\int_V\left(\frac{B^2}{2\mu_0}+\frac{\epsilon E^2}{2}\right)dV.
\end{aligned}
\tag{III-32}
$$

CAPACITÂNCIA E INDUTÂNCIA CARACTERÍSTICAS DO CABO COAXIAL

A energia interna a um elemento de comprimento Δx do cabo pode ser expressa em termos da voltagem e da corrente nesta região, já que estas grandezas estão direta e linearmente relacionadas aos campos elétrico e magnético, conforme explicitado pelas Equações (I-17) e (III-2). A Equação (III-29) pode ser reescrita na forma:

$$
\frac{dU_{int}}{dt} = \frac{d}{dt}\int_a^b\left(\frac{\varepsilon E^2}{2}+\frac{B^2}{2\mu_0}\right)2\pi r dr\Delta x
$$

$$= \frac{d}{dt}\int_a^d \left(\frac{\varepsilon}{2} \frac{V^2}{r^2 ln^2(b/a)} + \frac{1}{2\mu_0} \frac{\mu_0^2 i^2}{(2\pi r)^2} \right) 2\pi r dr \Delta x$$

$$= \frac{d}{dt}\left(\frac{1}{2} \frac{2\pi\varepsilon}{ln(b/a)} V^2 \Delta x + \frac{1}{2} \frac{\mu_0 ln(b/a)}{2\pi} i^2 \Delta x \right) \tag{III-33}$$

$$= \frac{d}{dt}\left(\frac{1}{2}\mathbb{C}V^2 + \frac{1}{2}\mathcal{L}i^2 \right)\Delta x.$$

O cabo coaxial (ideal, isto é, sem perdas) pode então ser representado por uma sequência de capacitores e indutores conforme mostra a Figura III-11. A capacitância e a indutância por unidade de comprimento são definidas pela Equação (III-33) e dadas, respectivamente, por:

$$\mathbb{C} = \frac{2\pi\varepsilon}{ln(b/a)} \tag{III-34}$$

e

$$\mathcal{L} = \frac{\mu_0 ln(b/a)}{2\pi}, \tag{III-35}$$

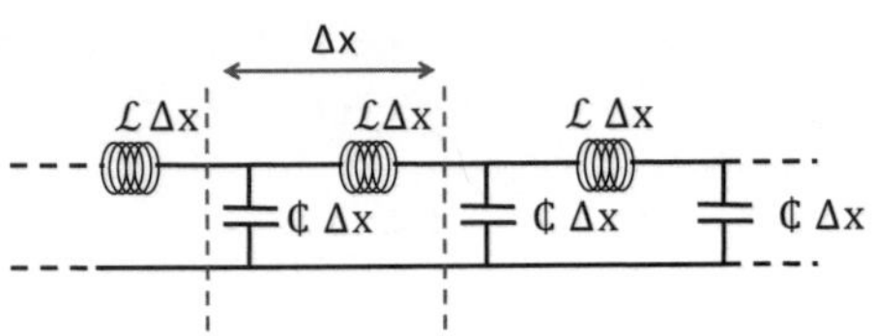

Figura III-11 – Parâmetros distribuídos em um cabo coaxial, indicando a capacitância e a indutância por unidade de comprimento.

e são denominadas capacitância e indutância características do cabo. A Equação (III-33) mostra claramente que a energia armazenada por unidade de comprimento pode ser contabilizada tanto pelos campos elétricos e magnéticos quanto pelas voltagens (ou cargas) e correntes. Quando a onda se propaga, a cada ciclo, as cargas positivas e negativas se aglomeram e posteriormente se separam para se aglomerar novamente. Isto corresponde a um capacitor se carregando e se descarregando à medida que a onda caminhante percorre o cabo. O mesmo para a corrente, que transporta as cargas de um ponto a outro. Dessa forma, faz sentido que o cabo possa ser descrito por um conjunto de capacitores e indutores. Usando as Equações (III-34) e (III-35), é imediato mostrar que a velocidade de propagação e a impedância característica do cabo (Equação (III-20)) podem ser expressas como:

$$v = \frac{1}{\sqrt{\mathcal{L}\mathbb{C}}}, \tag{III-36}$$

e

$$Z_c = \sqrt{\frac{\mathcal{L}}{\mathbb{C}}}. \tag{III-37}$$

A representação mostrada na Figura III-11 é muito útil na prática porque permite tratar o cabo coaxial como um elemento de circuito envolvendo grandezas escalares, como voltagem e corrente, ao invés de grandezas vetoriais como os campos elétrico e magnético. Esta representação é válida não somente para os cabos coaxiais, mas também para fios paralelos, naturalmente com outros valores de $\mathcal{L}$ e $\mathbb{C}$ que dependem da geometria do sistema.

OS CAMINHOS DA ENERGIA ELETROMAGNÉTICA

Os resultados desta seção são conceitualmente importantes e gerais: *a energia armazenada ou transportada em qualquer sistema pode ser sempre contabilizada conhecendo-se os campos elétrico e magnético em todo o espaço*. Pode-se computar a energia, em alguns casos, de formas alternativas à integração dos campos em todo o espaço. Por exemplo, em uma região onde existam cargas, como nas placas de um capacitor, a energia armazenada pode ser contabilizada determinando-se a energia potencial associada ao acúmulo de cargas nas placas. O resultado é o mesmo daquele obtido pela integração da densidade de energia associada aos campos em todo o espaço. O melhor método é, via de regra, o que permite a maior simplicidade de cálculo.

O transporte de energia eletromagnética de um ponto a outro está associado ao vetor de Poynting, que depende da existência dos dois campos, elétrico e magnético, em todo o espaço entre os dois pontos. No caso do cabo coaxial o vetor de Poynting existe no espaço *entre* os condutores *e não no interior* dos condutores. A energia não flui pelo interior dos condutores, mas por fora deles. No condutor perfeito o campo elétrico é zero no seu interior. Assim, não há vetor de Poynting nem tampouco transporte de energia. Esta visão pode ser pouco intuitiva, mas nossa experiência cotidiana mostra que condutores são totalmente dispensáveis para que a energia associada aos campos eletromagnéticos flua de um ponto a outro do espaço. A luz originária das estrelas, que somos capazes de ver porque seus campos elétrico e magnético transferem energia para deflagrar reações químicas nos nossos olhos, transportam eficientemente energia através do vácuo por enormes distâncias. O principal papel dos condutores no cabo coaxial, ou em fios paralelos, não é servir de meio para a propagação da energia, mas sim, por meio das cargas e correntes que nele fluem, confinar os campos e direcionar a transferência de energia (o vetor de Poynting) de forma prática, controlada e eficiente de uma a outra região do espaço.

COMPLEMENTO: EFEITO PELICULAR ("SKIN EFFECT")

As correntes variando com o tempo, envolvidas na propagação de ondas confinadas em fios condutores sejam cabos coaxiais ou cabos paralelos, dão origem a campos elétricos induzidos no interior desses condutores que alteram consideravelmente a distribuição da corrente em seu interior. Este fenômeno, denominado efeito pelicular, tem grandes consequências práticas e merece uma descrição ao menos qualitativa.

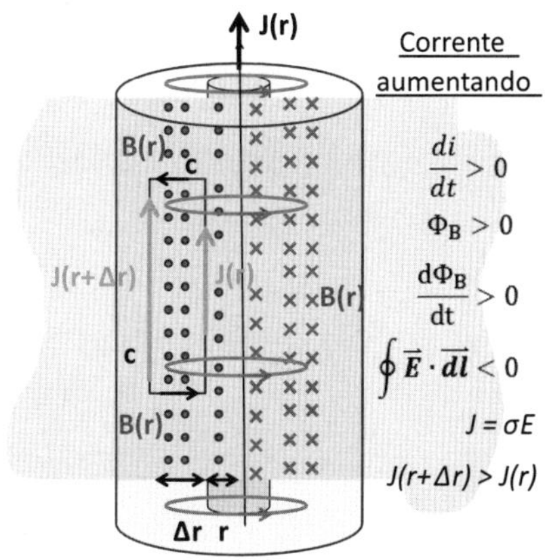

Figura III-12 – Seção de um fio condutor cilíndrico. Estão ilustrados o campo magnético e a densidade de corrente no interior do condutor. O módulo desses dois vetores depende da distância radial r.

Considere o fio condutor ilustrado na Figura III-12, percorrido por uma corrente variando com o tempo, de baixa frequência, de modo que o comprimento de onda seja muito maior do que o comprimento Δx do fio analisado. A figura mostra uma seção plana correspondente a um corte longitudinal. A corrente gera um campo magnético variando com o tempo que, por sua vez, e de acordo com a Lei de Faraday, induz um campo elétrico. O comportamento deste campo elétrico induzido pode ser analisado com o auxílio do circuito retangular "C". O circuito está orientado de forma que a normal, dada pela regra da mão direita, esteja na mesma direção e sentido do campo magnético que atravessa a área apoiada neste circuito. Consideremos o intervalo de tempo no qual a corrente está aumentando. Nessas condições o fluxo do campo magnético é positivo, o fluxo aumenta com o tempo, e a integral de linha é negativa, em virtude do sinal "menos" da Lei de Faraday:

$$\oint_C \vec{E} \cdot d\vec{l} = -\frac{d\Phi_B}{dt} = -\frac{d}{dt}\int_S \vec{B} \cdot \hat{n} dS. \quad \text{(I-30)}$$

Por sua vez, o campo elétrico induzido gera uma densidade de corrente proporcional a ele e dada pela *Lei de Ohm*.

$$\vec{J} = \sigma \vec{E} \quad \text{(III-38)}$$

onde σ é a condutividade elétrica do material. Para que esta integral de linha seja negativa, o campo elétrico no lado do circuito situado em $r + \Delta r$ (que contribui negativamente por estar no sentido contrário ao sentido arbitrado para o circuito) deve ser maior do que o campo elétrico no lado situado em r, com a densidade de corrente tendo o mesmo comportamento. Devido ao campo elétrico induzido, há um aumento da densidade de corrente na direção da periferia do condutor em comparação com a parte central. Se a corrente for contínua, não há campo de indução, a integral de linha do campo elétrico no caminho fechado é nula, $E(r+\Delta r)=E(r)$, $J(r+\Delta r)=J(r)$ e a corrente se distribui uniformemente na seção reta do condutor.

A aplicação da Lei de Faraday no circuito "C" fornece:

$$\sigma\left[E(r)-E(r+\Delta r)\right]\Delta x=\left[J(r)-J(r+\Delta r)\right]\Delta x$$

$$=-\sigma\frac{\partial B}{\partial t}\Delta x\Delta r.$$

Simplificando, dividindo por Δr e fazendo $\Delta r \to 0$ obtemos

$$\frac{\partial J}{\partial r}=\sigma\frac{\partial B}{\partial t}. \qquad \text{(III-39)}$$

Como a distribuição de corrente é volumétrica e considerando a simetria cilíndrica, a Lei de Ampère indica que o campo magnético é nulo no eixo do condutor e aumenta na direção da periferia, aumentando seu fluxo nesta região. Este comportamento aumenta a tendência do campo elétrico induzido pelas variações do campo magnético ser maior na periferia do condutor, o que aumenta, pela Lei de Ohm, a concentração de corrente nesta região comparada à região do eixo. Para um caminho circular de raio r temos:

$$\oint \vec{B}\cdot d\vec{l}=2\pi rB=\mu i_{int}=\mu\int_0^r J(r')2\pi r'dr'.$$

Simplificando e derivando em relação a *r*:

$$r\frac{\partial B}{\partial r}+B=\mu J(r)r.$$

Derivando em relação ao tempo e usando a Equação (III-39) para eliminar *B*, obtemos a equação diferencial para *J*:

$$r\frac{\partial^2 J}{\partial r^2}+\frac{\partial J}{\partial r}=\mu\sigma r\frac{\partial J}{\partial t}. \quad \text{(III-40)}$$

A distribuição final de corrente na seção transversal é obtida pela solução da equação acima. A distribuição de corrente resultante envolve funções de Bessel e a obtenção da solução tem tecnicalidades de cálculo[1] que foge ao propósito do texto. O resultado final pode, entretanto, ser parametrizado de forma simples. Note que se a corrente é alternada, isto é $J(r,t)\sim sen(\omega t)$, $\partial J(r,t)/\partial t\sim \omega cos(\omega t)$, o lado direito da Equação (III-40) é proporcional a $\mu\sigma\omega$ ou, em termos da frequência (*f*), a $\mu\sigma f$. Esta grandeza tem dimensão de m^{-2}, e é o parâmetro de escala da equação. A densidade de corrente *J*(*r*), solução da Equação (III-40), é então função deste parâmetro de escala. A concentração de corrente na superfície externa do condutor pode ser expressa em termos da *profundidade de penetração* ("*skin depth*"), normalmente denotada por δ, dada em função de $\mu\sigma f$ por:

$$\delta=\sqrt{\frac{1}{\pi f\mu\sigma}} \quad \text{(III-41)}$$

e é definida como a distância, a partir da superfície externa do condutor, para a qual a corrente diminui de 1/*e*, conforme ilustrado na Figura III-13. Se *d* é a *distância*

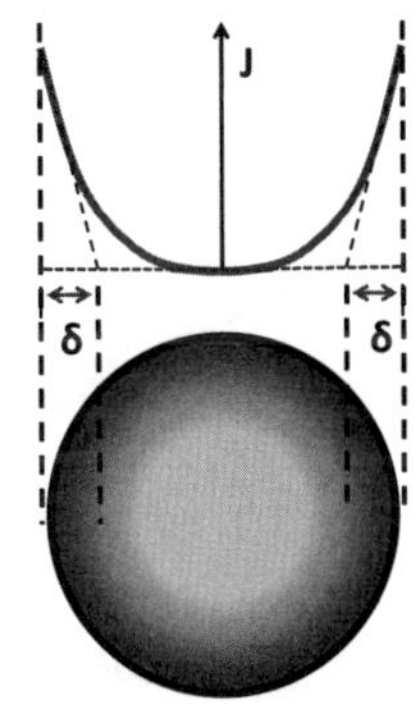

Figura III-13 – Efeito pelicular em um condutor cilíndrico. A corrente fica concentrada em uma espessura δ, próxima à superfície externa do condutor. Quanto maior a frequência da oscilação da corrente, menor o valor de δ.

tomada na direção do eixo do condutor, a partir da superfície, a densidade de corrente pode ser escrita na forma:

$$J(d) = J_0 e^{-\alpha d} \tag{III-42}$$

onde $\alpha \equiv 1/\delta$ e J_0 é o valor da densidade de corrente para $d = 0$.

Pela lei de Ohm, o campo elétrico é paralelo à corrente e à superfície do condutor, podendo também ser escrito da mesma forma:

$$E_{\|int}(d) = E_{\|0} e^{-\alpha d}. \tag{III-43}$$

Pela continuidade da componente tangencial do campo elétrico, temos que

$$E_{\|ext} = E_{\|int}(d = 0). \tag{III-44}$$

Podemos ver que um campo elétrico longitudinal, paralelo à direção da corrente, existe na parte externa da superfície do condutor ôhmico. Para um condutor perfeito, $\delta \to 0$, $\alpha \to \infty$ e

$$E_{\|ext} = E_{\|int} = 0.$$

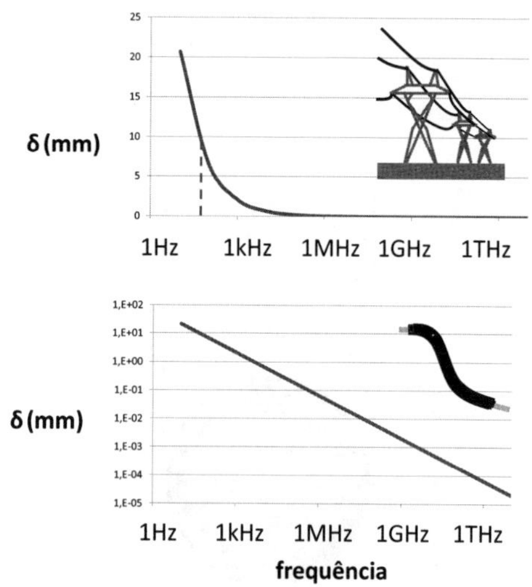

Figura III-14 – Profundidade de penetração de um fio condutor de cobre em função da frequência. (a) Escala semilogarítmica. (b) Escala logarítmica. O ponto indicado pela linha tracejada em (a) corresponde à frequência de 60 Hz.

Para a maioria dos condutores, $\mu \cong \mu_0 = 4\pi \times 10^{-7}$ H/m e, para o cobre, $\rho = 1/\sigma = 1{,}69 \times 10^{-8}$ Ωm. Com estes valores, a dependência da profundidade de penetração com a frequência pode ser calculada e está ilustrada na Figura III-14(a), em escala semilog para enfatizar as baixas frequências, e a Figura III-14(b), em escala log-log para enfatizar uma ampla faixa de frequências. Na Figura III-14(a) está indicado o valor de $\delta = 8{,}45$ mm para a frequência de 60 Hz.

DISSIPAÇÃO DE ENERGIA EM UM CONDUTOR ÔHMICO

A concentração da corrente na periferia do condutor tem um grande efeito na resistência, que é inversamente proporcional à área transversal por onde a corrente circula. O fato de existir um campo elétrico e um campo magnético transversos, paralelos à superfície externa do condutor, indica que existe um fluxo de energia, determinado pelo vetor de Poynting, e direcionado radialmente para o interior do condutor, como indica a Figura III-15. Esta é a energia dissipada sob forma de calor no condutor ôhmico e o vetor de Poynting nos permite calcular o seu valor. Para pequenas perdas, a componente transversa do vetor de Poynting, mostrada na Figura III-15, é muito menor do que a componente longitudinal que transfere a energia paralelamente ao condutor.

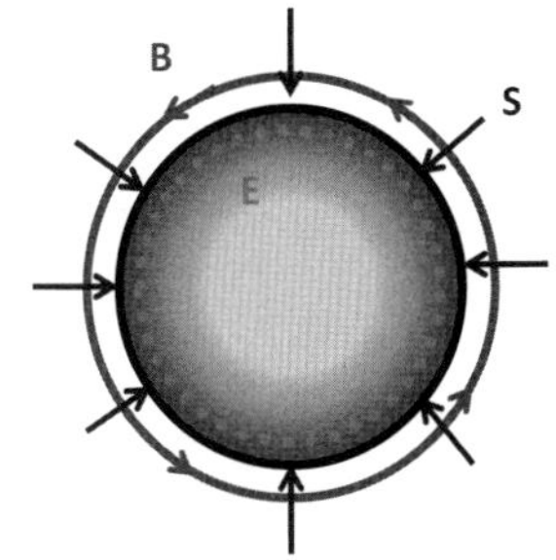

Figura III-15 – Ilustração dos campos elétrico e magnético na superfície de um condutor ôhmico. O vetor de Poynting aponta para o interior do condutor e corresponde à potência dissipada termicamente.

Designando por r a distância de um ponto ao centro do condutor, por a o seu raio externo, e usando a Equação (III-42), a corrente total no condutor é dada por:

$$i = \int_0^a J(0)e^{-\alpha(a-r)}2\pi r dr \cong \frac{2\pi a}{\alpha}J(0),$$

Onde assumimos que $\alpha a \gg 1$ para o caso de bons condutores. Por sua vez, pela Lei de Ampère e usando a equação acima:

$$B_{\|ext} = \frac{\mu_0 i}{2\pi a} = \frac{\mu_0}{\alpha}J(0),$$

ou

$$J(0) = \frac{\alpha}{\mu_0}B_{\|ext}.$$

Pela Lei de Ohm:

$$E_{\|ext} = \frac{J(0)}{\sigma} = \frac{\alpha}{\mu_0 \sigma} B_{\|ext}.$$

O vetor de Poynting pode então ser escrito como:

$$S = \frac{1}{\mu_0} E_{\|ext} B_{\|ext} = \frac{1}{\sigma\delta} \frac{B_{\|ext}^2}{\mu_0^2} = \frac{1}{\sigma\delta} H_{\|ext}^2, \tag{III-45}$$

onde usamos a definição $\alpha \equiv 1/\delta$.

A quantidade

$$R_s = \frac{1}{\sigma\delta} = \sqrt{\frac{\pi\mu f}{\sigma}} \tag{III-46}$$

tem dimensão de resistência (Ω no sistema MKS), é denominada *resistência de superfície* e aumenta com a raiz quadrada da frequência. Para o cobre vale 2×10^{-6} Ω a 60 Hz e $8{,}17 \times 10^{-3}$ Ω a 1 GHz.

A Equação (III-45) fornece a potência por unidade de área que é dissipada em um bom condutor por um campo eletromagnético alternado, em termos da componente do campo magnético paralelo à sua superfície. É um resultado geral e vale tanto para o condutor interno quanto para o externo de um cabo coaxial, ou condutores paralelos de uma linha de transmissão. Note que, pela Equação (III-41), a resistência de superfície é proporcional à $\sqrt{f}$ e a dissipação aumenta com a frequência.

Mesmo para frequências baixas, como 60 Hz, a perda ôhmica pode ser grande no caso de altas correntes e grandes distâncias. Neste sentido a transmissão DC pode ser uma solução mais econômica para linhas de transmissão de alta voltagem e grandes distâncias. Esta opção foi a adotada para a linha de transmissão de Belo Monte. A usina, no rio Xingu, está localizada perto de Altamira, no Pará, e a linha de transmissão, de 800 kV e mais de 2.000 km de extensão, liga a usina até a subestação de Estreito, localizada em Minas Gerais, próxima à divisa com São Paulo.

O efeito pelicular afeta significativamente a transmissão de sinais por cabo coaxial na região de altas frequências. Para 1,0 GHz, na faixa de micro-ondas, a profundidade de penetração que estabelece a área útil de circulação da corrente no cabo é muito pequena, de cerca de 2 μm. Nessas condições, cabos longos têm perdas ôhmicas acentuadas e correntes altas provocam um aquecimento significativo do condutor. Este resultado limita o uso de cabos coaxiais na faixa acima de 10 GHz, principalmente quando é necessária a transmissão de potências mais altas, como em alimentação de antenas de RADAR. O guia de onda, a ser estudado no Capítulo V, é uma alternativa ao cabo coaxial nessas circunstâncias.

CAPÍTULO IV
Propagação no espaço livre

EQUAÇÃO DE ONDA PLANA NO ESPAÇO LIVRE

A propagação da onda eletromagnética no cabo coaxial ocorre no espaço entre os condutores e deve-se essencialmente aos campos de indução. Para verificar se este resultado também é válido para o espaço livre, vamos considerar a possibilidade de haver a propagação de uma onda eletromagnética plana sem confinamento. A situação é ilustrada na Figura IV-1 para o caso de um pulso de campo elétrico que tem a direção z, não depende de x nem de z (é uma onda plana) e propaga-se na direção y. As propriedades desta onda, se porventura ela for possível, serão dadas pelas equações de Maxwell. Para dar um tratamento matemático alternativo ao adotado no caso do cabo coaxial, vamos utilizar as formas diferenciais da Lei de Faraday e da Lei de Ampère-Maxwell.

Como não existem cargas ou correntes no espaço livre, as equações ficam:

$$\vec{\nabla} \times \vec{E} = \begin{vmatrix} \hat{\boldsymbol{x}} & \hat{\boldsymbol{y}} & \hat{\boldsymbol{z}} \\ \dfrac{\partial}{\partial x} & \dfrac{\partial}{\partial y} & \dfrac{\partial}{\partial z} \\ E_x & E_y & E_z \end{vmatrix} = -\frac{\partial \vec{B}}{\partial t}$$

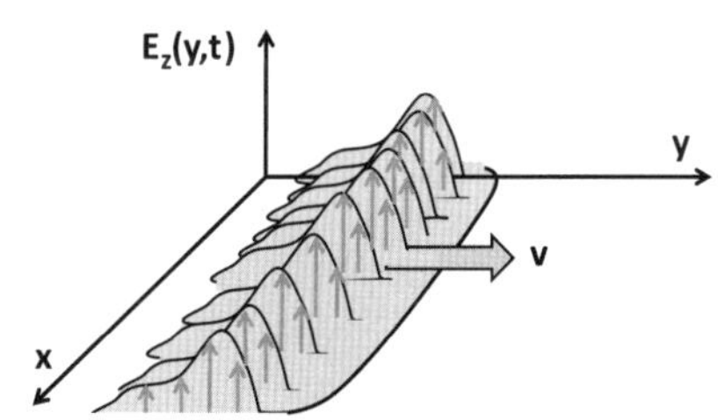

Figura IV-1 – Ilustração de uma onda plana correspondente a um pulso de duração finita.

e

$$\vec{\nabla} \times \vec{B} = \begin{vmatrix} \hat{x} & \hat{y} & \hat{z} \\ \dfrac{\partial}{\partial x} & \dfrac{\partial}{\partial y} & \dfrac{\partial}{\partial z} \\ B_x & B_y & B_z \end{vmatrix} = \mu_0 \varepsilon_0 \frac{\partial \vec{E}}{\partial t}.$$

Admitindo $\vec{E} = E_z(y,t)\hat{z}$, isto é, o campo elétrico só tem componente na direção $\hat{z}$ e só depende de y e t, temos:

$$\vec{\nabla} \times \vec{E} = \begin{vmatrix} \hat{x} & \hat{y} & \hat{z} \\ \dfrac{\partial}{\partial x} & \dfrac{\partial}{\partial y} & \dfrac{\partial}{\partial z} \\ 0 & 0 & E_z \end{vmatrix} = \frac{\partial E_z}{\partial y} \hat{x} = -\frac{\partial \vec{B}}{\partial t},$$

Logo, o campo magnético só tem componente na direção $\hat{x}$ e também deve depender somente de y e t. A equação acima fornece:

$$\frac{\partial E_z}{\partial y} = -\frac{\partial B_x}{\partial t}. \tag{IV-1}$$

Usando a Lei de Ampère-Maxwell:

$$\vec{\nabla} \times \vec{B} = \begin{vmatrix} \hat{x} & \hat{y} & \hat{z} \\ \dfrac{\partial}{\partial x} & \dfrac{\partial}{\partial y} & \dfrac{\partial}{\partial z} \\ B_x & 0 & 0 \end{vmatrix} = -\frac{\partial B_x}{\partial y}\hat{z} = \mu_0 \varepsilon_0 \frac{\partial \vec{E}}{\partial t},$$

que indica que o campo elétrico tem a direção $\hat{z}$, como suposto de início, e mostra a consistência do procedimento adotado. Este resultado mostra que as equações de Maxwell são satisfeitas se as Equações (IV-1) e (IV-2) forem satisfeitas.

$$\frac{\partial B_x}{\partial y} = -\frac{\partial E_z}{\partial t}. \qquad \text{(IV-2)}$$

As Equações (IV-1) e (IV-2) são idênticas às Equações (III-4) e (III-5) obtidas com o cabo coaxial. Usando um procedimento similar ao do cabo coaxial, derivando a Equação (IV-1) em relação ao tempo e usando a Equação (IV-2), obtemos a equação de onda:

$$\frac{\partial^2 E_z}{\partial y^2} = \mu_0 \varepsilon_0 \frac{\partial^2 E_z}{\partial t^2}. \qquad \text{(IV-3)}$$

Uma equação idêntica para o campo magnético pode ser obtida usando um procedimento similar. Este desenvolvimento mostra que um campo elétrico da forma $\vec{E} = E_z(y,t)\hat{z}$ pode existir no espaço livre e obedece às equações de Maxwell *desde que* esse campo obedeça à Equação (IV-2), que acopla os campos elétrico e magnético, e à Equação (IV-3), cuja solução é uma onda. A velocidade de propagação do pulso é a velocidade da luz no vácuo.

A equação de onda (IV-3) impõe que $\vec{E} = E_z(y,t)\hat{z} = f(y-ct)\hat{z} = f(u)\hat{z}$ onde $u = y - ct$. Logo, pela Equação (IV-1),

$$\frac{\partial E_z}{\partial y} = \frac{df}{du} = -\frac{dB_x}{dt}.$$

Mas,

$$\frac{\partial f}{\partial t} = -c\frac{df}{du} = c\frac{dB_x}{dt}.$$

Integrando no tempo,

$$E_z = cB_x. \qquad \text{(IV-4)}$$

Esta equação relaciona as amplitudes dos dois campos.

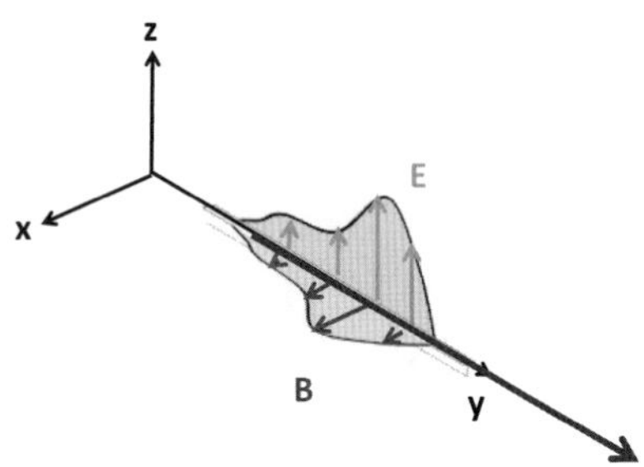

Figura IV-2 – Ilustração dos campos elétrico e magnético em uma onda eletromagnética. Os dois campos são ortogonais, proporcionais, e o produto vetorial $\vec{E} \times \vec{B}$ tem a direção de propagação.

PROPRIEDADES DAS ONDAS ELETROMAGNÉTICAS NO ESPAÇO LIVRE

Os campos $\vec{E}$ e $\vec{B}$ de uma onda eletromagnética plana no espaço livre têm então as seguintes propriedades:

- A onda eletromagnética é constituída pelos dois campos: elétrico e magnético que estão acoplados (Figura IV-2).

- Os campos estão em fase, isto é:

$$\vec{\boldsymbol{E}} = E_z\left(y,t\right)\hat{\boldsymbol{z}} = f\left(y-ct\right)\hat{\boldsymbol{z}} \text{ e}$$

$$\vec{\boldsymbol{B}} = B_x\left(y,t\right)\hat{\boldsymbol{x}} = (1/c)f\left(y-ct\right)\hat{\boldsymbol{x}}.$$

- Os campos elétrico e magnético são perpendiculares entre si e à direção de propagação, isto é, constituem um pulso TEM.
- O vetor de Poynting, $\left(1/\mu_0\right)\vec{\boldsymbol{E}}\times\vec{\boldsymbol{B}} = \left(1/\mu_0\right)EB\hat{\boldsymbol{y}}$, tem a direção e o sentido de propagação da onda.
- A razão entre os módulos de $\vec{\boldsymbol{E}}$ e $\vec{\boldsymbol{B}}$ é constante e igual à velocidade de propagação da onda. No vácuo, $E/B = c$.

Estas propriedades são independentes da função $f\left(y,t\right)$.

DENSIDADE DE ENERGIA E VETOR DE POYNTING

Em virtude da proporcionalidade entre E e B, a densidade de energia associada aos campos elétrico e magnético são iguais. A densidade de energia associada à onda é então:

$$u = u_E + u_B = 2u_E = \varepsilon_0 E^2. \tag{IV-5}$$

Pela mesma razão, o módulo do vetor de Poynting também pode ser escrito somente em termos do campo elétrico:

$$S = \frac{EB}{\mu_0} = \frac{E^2}{\mu_0 c} = \frac{E^2}{Z_0} = uc, \tag{IV-6}$$

Onde Z_0 é a impedância característica do vácuo (Equação (III-19)).

O posicionamento dos eixos cartesianos em relação à direção do campo elétrico e à direção e ao sentido de propagação da onda são arbitrários e a equação de onda (IV-3) pode ser expressa de forma independente do sistema de coordenadas como (ver Equação (II-11)):

$$\nabla^2 \vec{E} - \mu_0 \varepsilon_0 \frac{\partial^2 \vec{E}}{\partial t^2} = 0. \tag{IV-7}$$

ONDAS HARMÔNICAS NO ESPAÇO LIVRE

Quando a fonte geradora dos campos é senoidal, forma-se uma onda harmônica do tipo $f(y,t) = E_0 cos(ky - \omega t)$, caso a onda se propague no sentido positivo do eixo y. Para uma onda plana com campo elétrico na direção z, representada na Figura IV-3, temos:

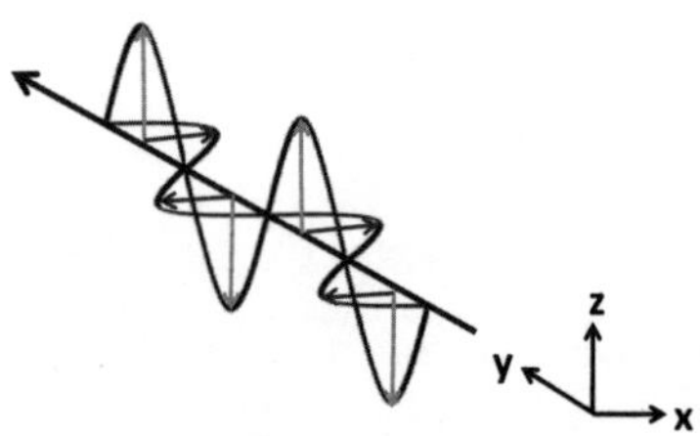

Figura IV-3 – Ilustração de uma onda eletromagnética harmônica propagando-se no sentido positivo de y. O campo elétrico está representado na direção z e o campo magnético na direção x.

$$\vec{\boldsymbol{E}} = E_0 cos(ky - \omega t)\hat{\boldsymbol{z}}, \tag{IV-8}$$

e

$$\vec{\boldsymbol{B}} = (E_0/c) cos(ky - \omega t)\hat{\boldsymbol{x}}, \tag{IV-9}$$

com

$$c = \frac{\omega}{k} = \lambda f. \qquad \text{(II-13)}$$

VETOR DE POYNTING E INTENSIDADE DA RADIAÇÃO

Pela Equação (IV-6), o vetor de Poynting é dado por:

$$\vec{S} = \frac{1}{Z_0} E_0^2 cos^2 \left(ky - \omega t\right) \hat{y}.$$

O valor médio no tempo, tomado em um período, da equação acima é ½. Este valor médio do vetor de Poynting é denominado *intensidade de radiação*, I:

$$I = \left\langle S \right\rangle = \frac{E_0^2}{2Z_0}. \qquad \text{(IV-10)}$$

EXEMPLOS NUMÉRICOS

Como exemplos de valores numéricos para intensidade de radiação temos: (i) a intensidade da radiação solar no limite da atmosfera, denominada constante solar, é de 1.360 W/m^2 que, pela Equação (IV-10) corresponde a um campo elétrico de 1.013 V/m. (ii) Supondo uma irradiação isotrópica, a intensidade de radiação a 1 m de uma lâmpada de 60 W é da ordem de 4,78 W/m^2. (iii) Supondo que uma estação de rádio de 100 kW de potência esteja situada em um terreno plano e perfeitamente refletor, e que a radiação seja isotrópica em um hemisfério, o campo elétrico a 10 km da estação é de aproximadamente 0,35 V/m (Figura IV-4).

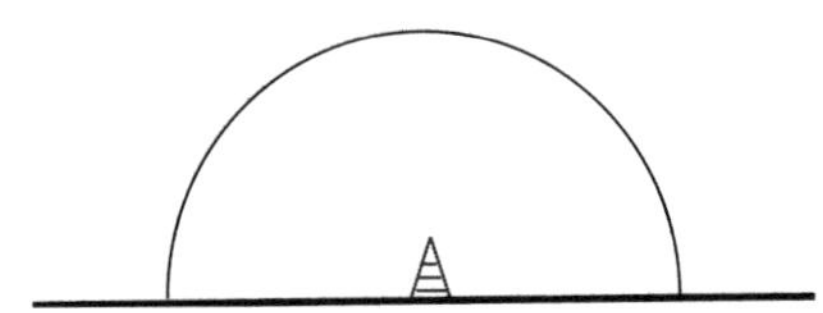

Figura IV-4 – Superfície para o cálculo do vetor de Poynting associado a uma onda eletromagnética gerada por uma antena de radiodifusão situada em um terreno plano.

O ESPECTRO ELETROMAGNÉTICO

Estas equações, que caracterizam as ondas eletromagnéticas no espaço livre, *não têm restrições com respeito à frequência* e descrevem sua propagação por mais de vinte ordens de grandeza, desde ondas de rádio até raios gama. As principais faixas de frequência e suas denominações no espectro eletromagnético são mostradas na Figura IV-5. Nela, estão incluídas várias faixas de frequência comuns ao nosso cotidiano, tais como as faixas de transmissão de rádio AM ~ 1 MHz, FM ~ 100 MHz; e TV digital ~ 400-800 MHz além das várias faixas de comunicação por internet e telefonia móvel (3G, 4G, 5G), GPS e *Wi-Fi* situadas na região de micro-ondas. Radares também se encontram na região de micro-ondas, mas com frequências bem mais altas. A faixa de frequência do Sirius, do Laboratório Nacional de Luz Síncrotron, na faixa de raios X, também está mostrada. Está também indicada a energia dos fótons associados às ondas de maior frequência.

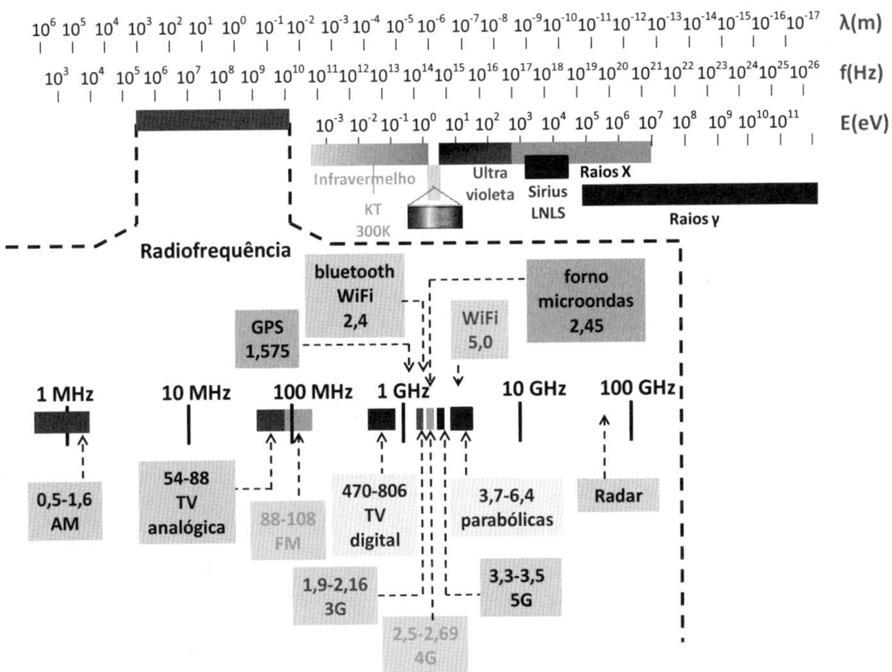

Figura IV-5 – O espectro eletromagnético.

CAPÍTULO V

Propagação em meios confinados: guias de onda

COMPONENTES LONGITUDINAIS DOS CAMPOS

As ondas eletromagnéticas que vimos se propagarem tanto no cabo coaxial quanto no espaço livre são do tipo TEM, com os dois campos transversos e perpendiculares à direção de propagação. Por este motivo elas possuem propriedades similares.

Entretanto, outros modos de propagação, tendo campos elétricos ou magnéticos na direção de propagação são também possíveis. Efetivamente, a Lei de Ampère-Maxwell mostra que a corrente de deslocamento é equivalente à corrente de condução como fonte de campo magnético. Esta equivalência permite que o condutor interno do cabo coaxial possa ser eliminado, e uma onda eletromagnética possa se propagar em um cilindro oco. Este tipo de confinamento é denominado guia de onda e é ilustrado na Figura V-1. Neste exemplo, o campo magnético é completamente transverso (a onda é denominada TM, transversa magnética), mas o campo elétrico tem uma componente transversa e uma longitudinal. Na região próxima ao condutor o campo elétrico é normal à superfície lateral do cilindro, mas, na região afastada da superfície e próxima ao eixo central do cilindro, o campo elétrico passa a ser longitudinal e gerar uma corrente de deslocamento que, por sua vez, irá induzir o campo magnético transverso. Esta composição de campos pode se propagar na direção longitudinal do guia.

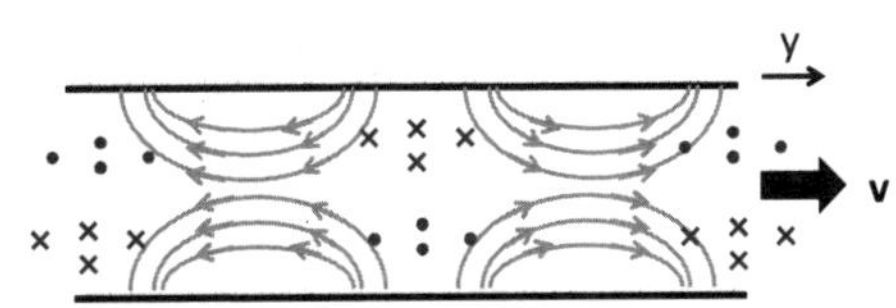

Figura V-1 – Ilustração das linhas de força dos campos elétrico (com componente longitudinal) e magnético (transverso) em um dos modos possíveis de propagação em um guia de onda cilíndrico.

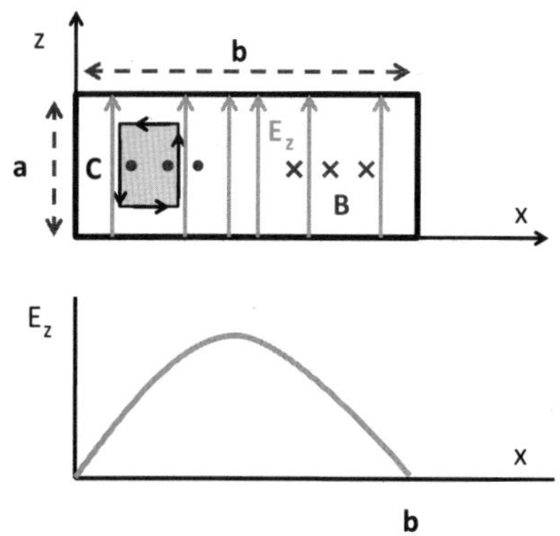

Figura V-2 – Seção reta de um guia de onda retangular ilustrando os campos elétrico e magnético no modo TE_{10}. A onda se propaga na direção *y*, perpendicular à página.

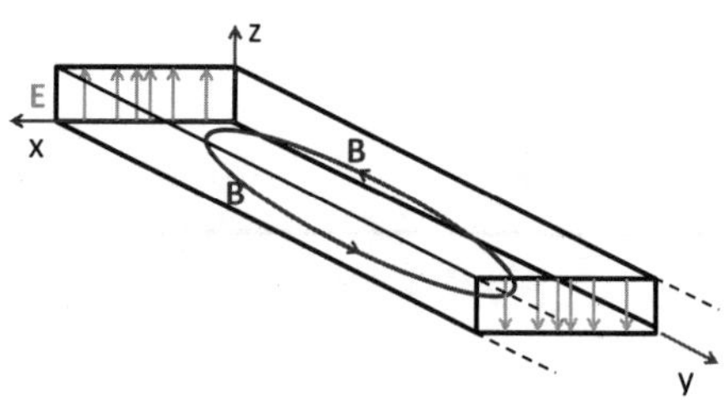

Figura V-3 – Ilustração das linhas de força dos campos elétrico e magnético no modo TE_{10} em um guia de onda retangular.

GUIA DE ONDA RETANGULAR

O guia de onda retangular é o mais usado para transmissão de ondas eletromagnéticas, na faixa de micro-ondas, quando se deseja alta potência. Exemplos comuns de uso são fornos de micro-ondas e antenas parabólicas. É constituído de um tubo metálico de seção reta retangular.

A Figura V-2 ajuda a entender por que não é possível a propagação do modo TEM. Vamos tentativamente considerar a possibilidade da propagação de um campo elétrico transverso (TE) na direção *z* como mostrado na Figura V-2. Este campo elétrico não pode ser uniforme em toda a seção transversal do guia porque $E_{\|} = 0$ na superfície do condutor: o campo elétrico deve ser nulo para $x = 0$ e $x = b$. Portanto, o campo elétrico deve necessariamente depender de *x*, e a integral de linha ao longo do circuito "C" mostrado na Figura V-2 não é nula. O campo elétrico na parte direita do circuito auxiliar retangular mostrado contribui positivamente para a integral de linha e é maior do que o campo elétrico na parte esquerda do circuito, que contribui negativamente para a integral de linha. Logo, pela Lei de Faraday, deve haver fluxo de campo magnético através da superfície apoiada no caminho e, em consequência, o campo magnético deve ter uma componente longitudinal. Não pode ser puramente transverso, como seria no caso de uma onda TEM. A Figura V-3 ilustra a forma dos campos elétrico e magnético neste caso.

ONDAS TE NO GUIA DE ONDA RETANGULAR

Vamos considerar a possibilidade de que uma onda TE, conforme ilustrada na Figura V-3, possa se propagar da direção *y* de um guia de onda retangular. Pela discussão anterior, o campo elétrico deve ser da seguinte forma:

$$E_z = E_0 sen\left(k_x x\right) cos\left(k_y y - \omega t\right). \quad \text{(V-1)}$$

Se esta expressão para o campo elétrico é ou não adequada, ou se há ou não vínculos entre os parâmetros k_x, k_y e ω e, em caso positivo, quais são eles, as equações de Maxwell irão estabelecer. A expressão do campo elétrico deve satisfazer a equação de onda e as condições de contorno.

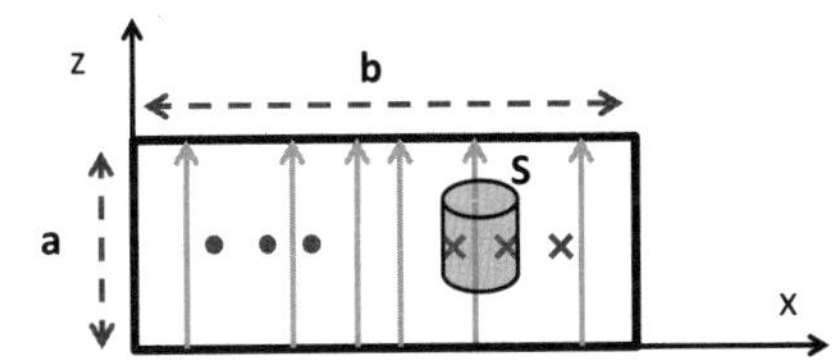

Figura V-4 – Superfície gaussiana cilíndrica de trabalho para mostrar que o campo elétrico não depende de z.

A primeira observação que deve ser feita a respeito da Equação (V-1) é que ela depende de x e y, mas não depende de z. Isto é uma imposição da Lei de Gauss. Vamos aplicar a Lei de Gauss no cilindro mostrado na Figura V-4. Lembrando que a normal está sempre "para fora" da superfície, o fluxo do campo elétrico é positivo na base superior do cilindro, negativo na base inferior, e nulo nas laterais. Como não existem cargas internas ao cilindro, o fluxo total deve ser nulo e o valor do campo elétrico deve ser o mesmo nas duas bases, isto é, não pode depender de z.

A segunda observação é que o campo elétrico deve satisfazer às condições de contorno nas superfícies laterais do guia, isto é: $E_z = 0$ para $x = 0$ e $x = b$. A dependência funcional $sen(k_x x)$ anula o campo para $x = 0$. Para que ele seja nulo em $x = b$ devemos ter $k_x b = n\pi$, onde n é um número inteiro. Logo:

$$k_x = \frac{n\pi}{b}. \tag{V-2}$$

O campo elétrico no interior do guia de onda deve satisfazer à equação de onda (IV-7). Como o campo elétrico tem direção z, e não depende de z, a equação de onda fica:

$$\frac{\partial^2 E_z}{\partial x^2} + \frac{\partial^2 E_z}{\partial y^2} - \frac{1}{c^2}\frac{\partial^2 E_z}{\partial t^2} = 0. \tag{V-3}$$

Substituindo a Equação (V-1) e efetuando as derivadas, obtemos:

$$k_x^2 + k_y^2 - \frac{\omega^2}{c^2} = 0,$$

ou, usando a Equação (V-2):

$$k_y = \sqrt{\frac{\omega^2}{c^2} - \frac{n^2\pi^2}{b^2}}. \qquad \text{(V-4)}$$

Ou seja, as equações de Maxwell são satisfeitas, e a forma do campo elétrico dado pela Equação (V-1) é uma solução para o guia de onda retangular, *desde que* as condições (V-2) e (V-4) sejam satisfeitas.

FREQUÊNCIA DE CORTE

O valor da constante de propagação k_y, dada pela Equação (V-4) é positivo apenas para valores de ω acima de um valor mínimo, ω_c, denominado frequência de corte, dado por:

$$f_c = \frac{\omega_c}{2\pi} = \frac{nc}{2b}. \qquad \text{(V-5)}$$

De modo que a Equação (V-4) pode ser reescrita como

$$k_y = \frac{2\pi}{c}\sqrt{f^2 - f_c^2} \qquad \text{(V-6)}$$

e o comprimento de onda do guia é então:

$$\lambda_g = \frac{c}{\sqrt{f^2 - f_c^2}}. \tag{V-7}$$

Para cada valor de n existe uma frequência de corte correspondente. Em geral, a frequência de corte para um guia retangular no modo TE é designada para a menor delas, correspondente a $n = 1$. Como exemplo numérico, para um guia de onda com $b = 5$ cm, a frequência de corte é 3 GHz. Este guia não propagaria um sinal de *Wi-Fi* de 2,4 GHz. Um guia de maiores dimensões deveria ser utilizado. O valor da menor dimensão "a" da seção reta do guia de onda é tipicamente b/2.

Caso a frequência de excitação seja menor do que a frequência de corte, o valor de k_y é imaginário e a solução da equação de onda para o campo elétrico deixa de ser dado pela Equação (V-1), para ser dada por:

$$E_z = E_0 sen(k_x x) e^{-\alpha y} cos(\omega t)$$

com α dado por:

$$\alpha = \frac{2\pi}{c}\sqrt{f_c^2 - f^2}.$$

Assim, se $f < f_c$, o campo elétrico é atenuado exponencialmente na direção y e não há onda se propagando.

VELOCIDADES DE FASE E DE GRUPO

A velocidade de fase correspondente à onda (V-1) pode ser escrita como:

$$v_f = \frac{\omega}{k_y} = \frac{c}{\sqrt{1-\left(f_c^2/f^2\right)}}. \tag{V-8}$$

Esta é a velocidade das frentes de onda e pode ser maior que a velocidade da luz no vácuo. A *energia propaga-se com a velocidade de grupo*, que pode ser obtida a partir da Equação (V-6):

$$v_g = \frac{d\omega}{dk_y} = \frac{1}{dk_y/d\omega} = \frac{2\pi}{dk_y/df} = c\sqrt{1-\left(f_c^2/f^2\right)}. \tag{V-9}$$

A velocidade de grupo é sempre menor do que a velocidade da luz no vácuo. Quando a frequência é muito maior do que frequência de corte, $v_g \to c$. Por sua vez, quando a $f \to f_c$ a velocidade de grupo tende a zero. O significado físico desse resultado é que quando $f \to f_c$ o fluxo do vetor de Poynting em uma seção reta do guia de onda tende a zero e a energia não flui na direção longitudinal do guia. Se $f < f_c$, como vimos, não há propagação e a energia associada aos campos é confinada a um comprimento $1/\alpha$ na direção longitudinal do guia.

DISPERSÃO DO SINAL

Na prática, um sinal de rádio na faixa de micro-ondas a ser propagado em um guia de onda não tem uma frequência única, mas uma superposição de várias frequências. O fato das velocidades de fase e de grupo dependerem da frequência, em contraste com o cabo coaxial, resulta em uma deterioração da forma do sinal. Esta propriedade – a dependência da velocidade de propagação com a frequência – é denominada *dispersão do sinal*. Vamos analisá-la com um pouco mais de detalhes para o caso em que ela está relacionada à deterioração de sinais.

Quando um sinal se propaga em um guia de onda, a forma da onda ou do pulso que transporta a informação seja ela de TV, internet etc., não é padronizada. A matemática oferece várias possibilidades de representação de uma função arbitrária que representa o sinal. Em uma delas, uma função genérica pode ser representada por uma superposição de funções seno e cosseno. Este tipo de expansão é denominado série de Fourier. Não vamos desenvolver a teoria de séries de Fourier neste texto, mas podemos visualizar este tipo de representação por meio de um exemplo.

Vamos considerar que um trem de pulsos retangulares possa ser representado por uma série do tipo:

$$f(x) = sen\left(\frac{1}{2}2\pi x\right) + \frac{1}{3}sen\left(\frac{3}{2}2\pi x\right) + \frac{1}{5}sen\left(\frac{5}{2}2\pi x\right) + \cdots$$

e que corresponde a $\lambda = 2; 2/3; 2/5;\ldots$ etc. (as unidades são arbitrárias). A Figura V-5(a) representa os três primeiros termos da série bem como sua soma (linha cheia). É notável que, mesmo considerando apenas os três primeiros termos da série, a forma do trem de pulso retangular já começa a ser claramente delineada. Para que o pulso possa ser descrito em grande detalhe, principalmente nas regiões mais agudas, um número infinito de termos é necessário.

A onda caminhante na direção positiva do eixo x é obtida substituindo-se $x \to x - vt$, como foi visto no Capítulo II:

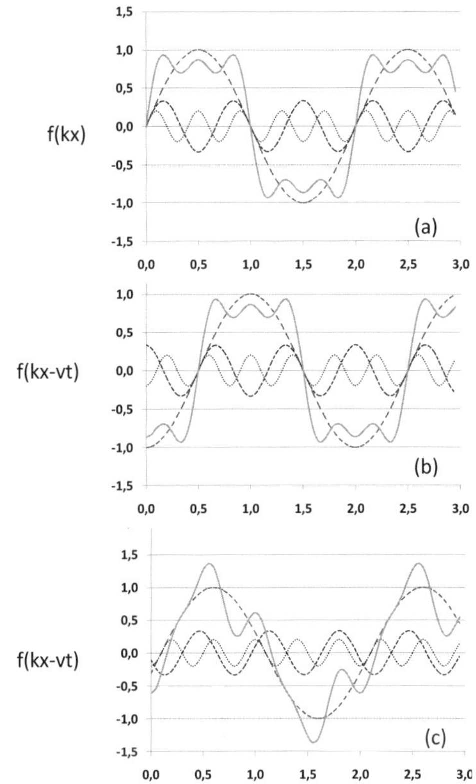

Figura V-5 – Trem de pulso retangular representado pelos três primeiros termos da série de Fourier, respectivamente pelas linhas tracejada, tracejada curta e pontilhada. A soma é dada pela linha cheia. (a) t = 0. (b) Velocidade de propagação independente da frequência. (c) Dispersão: a velocidade de propagação depende da frequência e a forma do pulso se deteriora quando a onda se propaga.

$$f(x,t) = sen\left(\frac{1}{2}2\pi(x - vt)\right) + \frac{1}{3}sen\left(\frac{3}{2}2\pi(x - vt)\right)$$

$$+\frac{1}{5}sen\left(\frac{5}{2}2\pi(x - vt)\right) + \cdots \qquad \text{(V-10)}$$

As frequências correspondentes são: $f = v/\lambda = v/2; 3v/2; 5v/2$ etc.

Temos agora a superposição de um grande número de ondas, todas com frequências diferentes. Se a velocidade de propagação é independente da frequência, a Equação (V-9) mostra que *todos os termos* irão sofrer *o mesmo* deslocamento, *vt*, na direção positiva do eixo *x*. A mudança da fase é a mesma para todos os termos e para qualquer instante. O resultado está ilustrado na Figura V-5(b) para o caso em que $vt = 0,5$. A forma do pulso não muda, apenas se desloca de 0,5 (unidades arbitrárias). Não há dispersão.

Por sua vez, se a velocidade de propagação depender da frequência, o cenário muda completamente. Cada onda que compõe a série irá se propagar com uma velocidade diferente e a superposição em cada instante não mais irá representar o trem de pulso original. A fase *vt* será diferente para cada um dos termos da série. Para ilustrar o efeito, a Figura V-5(c) mostra o resultado quando *v* é proporcional à frequência e a fase tem os valores $vt = 0,1; 0,3$ e $0,5$. A deterioração do pulso fica evidente, e a informação que supostamente deveria ser transportada pela onda pode se perder completamente.

CONSIDERAÇÕES PRÁTICAS E ALIMENTAÇÃO DO GUIA DE ONDA RETANGULAR

Na Figura V-2 consideramos que o campo elétrico transverso em um guia de onda retangular tem a direção *z* e se estende na direção x, que coincide com o maior lado da seção retangular. Este é o modo de menor frequência de corte do guia de onda retangular e é denominado TE_{10}. O campo elétrico poderia ser girado em 90º, ficando na direção x e se estendendo na direção z. Como $a < b$, a frequência de corte deste modo é maior do que a anterior. Este modo é denominado TE_{01}. Em geral $a = b/2$ o que faz a frequência de corte do modo TE_{01} seja o dobro da frequência de corte do modo TE_{10}.

Como vimos na seção anterior, o guia de onda apresenta dispersão, de modo que não deve ser operado em uma faixa ampla de frequências. Como não deve operar tampouco muito perto da frequência de corte, usa-se como faixa de frequência de operação a banda $1{,}25 f_c \lesssim f \lesssim 2 f_c$. Tendo estes parâmetros em mente, pode-se projetar o guia de onda adequado para a frequência de transmissão desejada.

O guia de onda é usualmente alimentado por um cabo coaxial, cujo condutor interno penetra $\lambda_c/4$ no interior do guia e o condutor externo é conectado ao corpo do guia, conforme ilustrado na Figura V-6. O condutor interno atua, desta maneira, como uma antena de quarto de onda, tópico que veremos com mais detalhes no Capítulo X, induzindo a excitação do modo TE_{10} no guia.

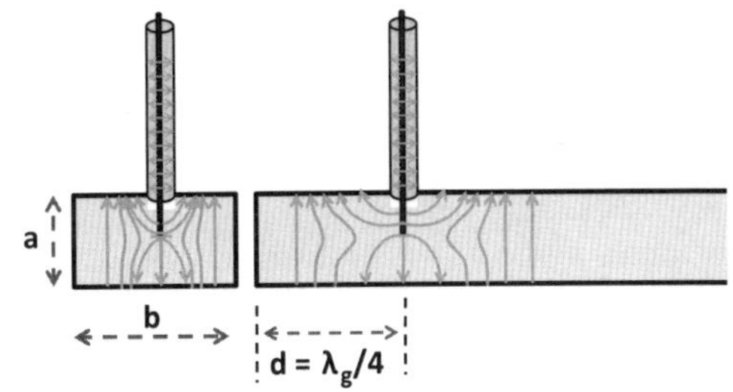

Figura V-6 – Guia de onda retangular de seção transversal a x b, alimentado por um cabo coaxial. O guia está terminado por um condutor para produzir reflexão e amplificar o sinal do sentido desejado.

Normalmente se quer direcionar a onda para apenas um dos sentidos possíveis de propagação. Para isso fecha-se com um condutor um dos lados do guia. O condutor "tampa" é colocado a uma distância da antena que faça com que a onda naquele sentido seja adequadamente refletida e aumente a intensidade do sinal na direção desejada. Esta distância é da ordem de $\lambda_g/4$ onde λ_g é dado pela Equação (V-7) para o modo TE_{10}.

PARTE III
REFLEXÃO E TRANSMISSÃO

CAPÍTULO VI

Incidência normal de ondas TEM

INCIDÊNCIA NORMAL NA INTERFACE DE UM DIELÉTRICO

No Capítulo I, ao estudarmos as condições de contorno para os campos eletromagnéticos vimos que, na interface entre dois dielétricos, a componente tangencial do campo elétrico e do campo magnético auxiliar devem ser contínuas. Como para dielétricos em geral $\mu = \mu_0$, a componente tangencial do campo magnético também é contínua. Estas condições de contorno irão governar o comportamento de uma onda TEM plana que tenha o vetor de Poynting perpendicular ao plano de interface de dois dielétricos.

As equações de Maxwell impõem um vínculo aos campos elétrico e magnético em uma onda TEM: $E/B = v = 1/\sqrt{\mu_0 \varepsilon}$. Quando ocorre uma mudança de meio, a permissividade elétrica muda, a velocidade de propagação muda e, consequentemente, os campos da onda caminhante também mudam para se adaptar à nova razão E/B. Esta propriedade é incompatível com as condições de continuidade dos campos na interface. Isso caso exista *uma única* onda caminhante. Para que as propriedades das ondas caminhantes sejam obedecidas nos dois meios e as condições de contorno obedecidas na interface, uma segunda onda, caminhando em sentido oposto à onda incidente, aparece. Esta onda é denominada onda refletida. A onda incidente se desdobra na

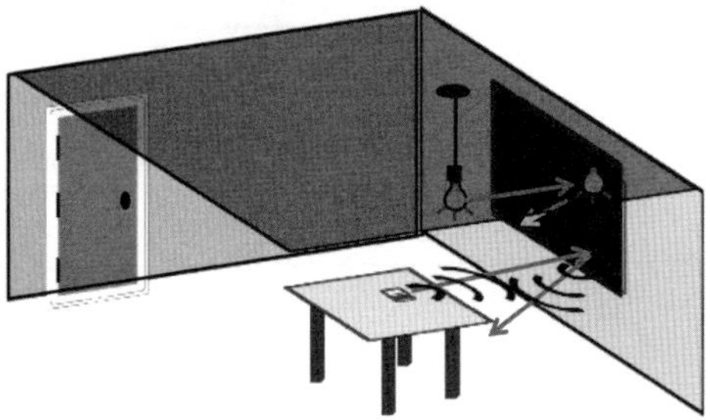

Figura VI-1 – Ilustração da reflexão de ondas no visível (lâmpada) e na faixa de micro-ondas (celular) em uma janela de vidro de uma residência.

interface em uma onda transmitida para o outro meio e uma onda refletida no mesmo meio da onda incidente.

Esta situação ocorre para ondas TEM tanto na faixa óptica quanto na de radiofrequência, como ilustra a Figura VI-1, que mostra a reflexão da luz de uma lâmpada e da radiação de micro-ondas gerada por um telefone celular, no vidro de uma janela.

A velocidade de propagação da onda eletromagnética em um meio pode ser expressa em termos da sua permissividade elétrica (ε), da permissividade relativa (ε_r), da impedância característica do meio (Z) ou do *índice de refração* (n), definido como a razão entre a velocidade da luz no vácuo e a velocidade da luz no meio. São formas equivalentes e, dependendo da faixa de frequência da onda, utiliza-se uma ou outra forma. A Equação (VI-1) sumariza estas equivalências (supondo $\mu \approx \mu_0$):

$$v = \frac{1}{\sqrt{\mu_0 \varepsilon}} = \frac{c}{\sqrt{\varepsilon_r}} = \frac{Z}{\mu_0} = \frac{c}{n} \qquad \text{(VI-1)}$$

e

$$Z = \frac{Z_0}{n}. \qquad \text{(VI-2)}$$

O valor dos campos elétrico e magnético e da intensidade, associadas às ondas caminhantes transmitida e refletida, podem ser obtidos pelas condições de contorno com o auxílio da Figura VI-2.

Nesta figura ilustramos as ondas TEM *nas proximidades da interface* entre dois meios. Pode ser a interface ar-vidro de uma janela ou a interface entre dois dielétricos em um cabo coaxial muito longo. As deduções abaixo se aplicam em quaisquer desses casos. As ondas incidente e transmitida têm o vetor de Poynting orientado para a direita, enquanto a onda refletida tem o vetor de Poynting orientado para a esquerda.

Por isso, o sentido de *um* dos campos da onda refletida está defasado de $\pi\,(\Delta\varphi = \pi)$ com relação ao campo da onda incidente. Escolhemos o campo elétrico. Feita esta escolha, o campo magnético da onda refletida está em fase com o campo magnético da onda incidente, para que o vetor de Poynting da onda refletida tenha o sentido contrário ao da onda incidente. Poderíamos ter escolhido inverter o campo magnético e não inverter o campo elétrico ($\Delta\varphi = 0$). Tanto faz. Como veremos a seguir, as condições de contorno irão "corrigir" a fase escolhida caso esta não tenha sido adequada.

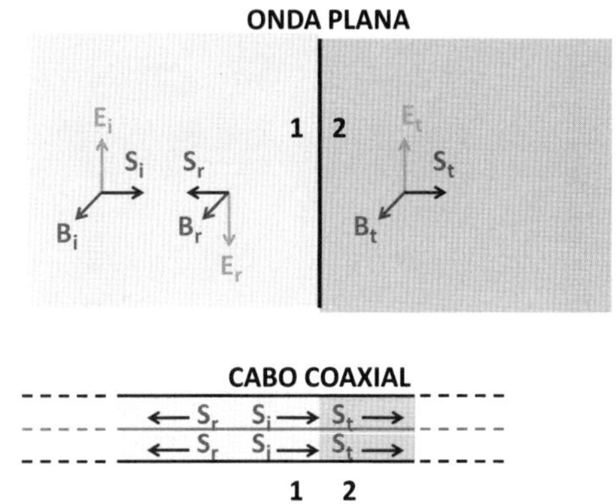

Figura VI-2 – Campos elétrico, magnético e vetor de Poynting associados à onda incidente, transmitida e refletida próximos à interface entre dois meios. A parte inferior da figura mostra uma situação análoga em um cabo coaxial.

Como foi visto na seção de condições de contorno (Capítulo I), a componente tangencial do campo elétrico é contínua na interface de dois dielétricos. O mesmo ocorre para o campo magnético, se $\mu \approx \mu_0$ para os dois meios. Usando a notação e o sentido dos campos arbitrados na Figura VI-2, temos:

$$E_i - E_r = E_t \tag{VI-3}$$

$$B_i + B_r = B_t. \tag{VI-4}$$

Como as ondas incidente e refletida estão no meio 1, enquanto a onda transmitida está no meio 2, temos que:

$$\frac{E_i}{B_i} = \frac{E_r}{B_r} = v_1 \quad \text{e} \quad \frac{E_t}{B_t} = v_2 \tag{VI-5}$$

onde v_1 e v_2 denotam as velocidades de propagação da onda nos dois meios.

Combinando as Equações (VI-3), (VI-4) e (VI-5), obtemos:

$$\frac{E_i - E_r}{B_i + B_r} = \left(\frac{E_i - E_r}{E_i + E_r}\right) v_1 = \frac{E_t}{B_t} = v_2.$$

Uma manipulação simples da equação acima permite expressar a amplitude do campo refletido, E_r, em função da amplitude do campo incidente, E_i:

$$E_r = \left(\frac{v_1 - v_2}{v_1 + v_2} \right) E_i \tag{VI-6}$$

$$E_r = \left(\frac{Z_1 - Z_2}{Z_1 + Z_2} \right) E_i \tag{VI-7}$$

$$E_r = \left(\frac{n_2 - n_1}{n_2 + n_1} \right) E_i, \tag{VI-8}$$

onde as equivalências indicadas na Equação (VI-1) foram usadas para expressar a constante de proporcionalidade em termos das velocidades de fase, das impedâncias características ou dos índices de refração dos meios.

Usando a Equação (VI-6) na Equação (VI-3), podemos expressar a amplitude do campo transmitido, E_t, em função da amplitude do campo incidente:

$$E_t = \left(\frac{2v_2}{v_1 + v_2} \right) E_i \tag{VI-9}$$

$$E_t = \left(\frac{2Z_2}{Z_1 + Z_2} \right) E_i \tag{VI-10}$$

$$E_t = \left(\frac{2n_1}{n_2 + n_1} \right) E_i. \tag{VI-11}$$

As Equações (VI-6), (VI-7) e (VI-8) mostram que E_r é positivo se $v_1 > v_2 (Z_1 > Z_2; n_2 > n_1)$, ou seja, os campos têm o sentido arbitrado na Figura VI-2 $(\Delta\varphi = \pi)$. Este é o caso, por exemplo, da incidência da luz na interface do ar para o vidro $(n_1 = 1$ e $n_2 = 1{,}5)$. Caso $v_1 < v_2 (Z_1 < Z_2; n_2 < n_1)$, E_r é negativo e o campo elétrico tem o sentido contrário ao arbitrado $(\Delta\varphi = 0)$. Nesse caso, o sentido do campo B_t também é invertido. Esta situação corresponde, por exemplo, à incidência da luz na interface do vidro para o ar.

As intensidades das ondas refletida e transmitida podem ser calculadas a partir da Equação (IV-10) e das Equações (VI-6) a (VI-11). A relação entre a intensidade refletida e a intensidade incidente é denominada coeficiente de reflexão, *R*. A relação entre a intensidade transmitida e a intensidade incidente é denominada coeficiente de transmissão, *T*. Temos então:

$$R = \frac{I_r}{I_i} = \frac{\dfrac{E_r^2}{2Z_1}}{\dfrac{E_i^2}{2Z_1}} = \frac{(Z_1 - Z_2)^2}{(Z_1 + Z_2)^2} = \frac{(n_2 - n_1)^2}{(n_2 + n_1)^2}, \tag{VI-12}$$

$$T = \frac{I_t}{I_i} = \frac{\dfrac{E_t^2}{2Z_2}}{\dfrac{E_i^2}{2Z_1}} = \frac{4Z_1 Z_2}{(Z_1 + Z_2)^2} = \frac{4n_1 n_2}{(n_2 + n_1)^2}, \tag{VI-13}$$

$$R + T = 1. \tag{VI-14}$$

COMPARAÇÃO QUANTITATIVA ENTRE REFLEXÃO DA LUZ VISÍVEL E DE MICRO-ONDAS

O índice de refração (ou a impedância característica) sintetiza a resposta dos átomos e moléculas do meio às oscilações induzidas pelo campo elétrico e magnético incidente e depende tanto das propriedades e constituição do material quanto da frequência da onda incidente. Tomando como exemplo o vidro, o índice de refração para a faixa óptica é de 1,5 enquanto para a faixa de micro-ondas (2,4 GHz) é de 2,5. Isto fornece um coeficiente de reflexão de 0,04 (4%) para a luz visível, e de 19% para a radiação de micro-ondas. Uma janela de vidro reflete muito mais eficientemente as ondas emitidas ou recebidas por um telefone celular comparativamente à luz visível. Abrir ou fechar uma janela de vidro tem pouca influência na penetração da luz visível do exterior para o interior de uma residência, mas fechá-la atenua – devido à reflexão – em cerca de 20% a radiação proveniente da antena de transmissão para um aparelho celular no seu interior.

Em contrapartida, uma parede interna residencial, normalmente constituída de tijolo, argamassa e com a superfície pintada, é completamente opaca para a luz visível, mas tem um índice de refração de cerca de 2,2 para a radiação de 2,4 GHz. Este valor do índice de refração pode variar dependendo das proporções e das características dos materiais utilizados na construção, mas não muda substancialmente o cenário descrito a seguir. Ele fornece um coeficiente de reflexão de 14% e de transmissão de 86%. A radiação de micro-ondas, portanto, "atravessa" paredes. A onda, entretanto, não é integralmente transmitida porque parte da energia transportada é absorvida (transformada em energia térmica) pela parede, que tem tipicamente 15 cm de espessura. Note que o comprimento de onda correspondente a 2,4 GHz é 12,5 cm, da ordem da espessura de uma parede interna residencial. Dessa forma, embora não se possa ver a luz de um quarto vizinho fechado, pode-se receber o sinal de *Wi-Fi* emitido por um roteador nele situado.

CASAMENTO DE IMPEDÂNCIAS

De acordo com as Equações (VI-12) e (VI-13), transmissão de energia é otimizada quando os índices de refração ou impedâncias características dos meios são próximos, já que esta condição minimiza a reflexão. Quando $Z_1 = Z_2$ diz-se que as impedâncias estão casadas, condição que propicia a maior transferência de energia de um meio para outro. Na maioria dos casos não é possível mudar as impedâncias e usa-se o artifício de inserir entre os dois meios um terceiro meio tal que $Z_1 < Z_3 < Z_2$ [2]. A inserção de um terceiro meio nessas condições aumenta a transmissão de energia total, desde que não haja absorção significativa nele e sua espessura seja muito maior que o comprimento de onda da radiação para não haver efeitos de interferência (ver Capítulo XII).

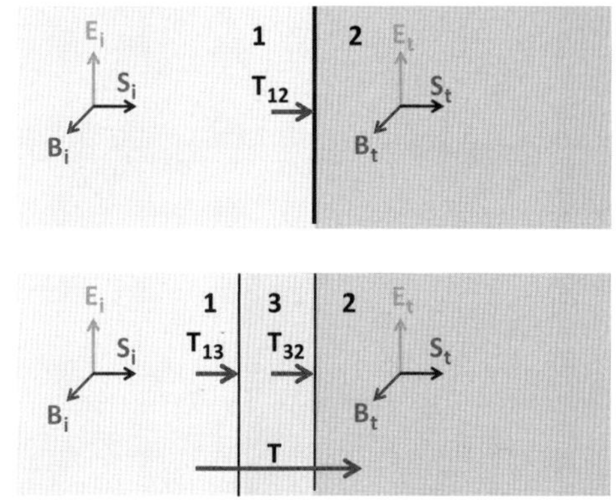

Figura VI-3 – Inserção de um casador de impedâncias entre dois meios para aumentar a transmissão.

Esta situação é mostrada na Figura VI-3. Originalmente há apenas dois meios com o coeficiente de transmissão dado pela Equação (VI-13). Com o terceiro meio, e desprezando as reflexões múltiplas (Equação (VI-19)), o coeficiente de transmissão fica:

$$T = \frac{4Z_1 Z_3}{\left(Z_1 + Z_3\right)^2} \cdot \frac{4Z_3 Z_2}{\left(Z_3 + Z_2\right)^2}. \qquad \text{(VI-15)}$$

O valor de Z_3 pode ser escolhido de forma a maximizar o coeficiente de transmissão acima. A condição $\frac{\partial T}{\partial Z_3} = 0$ fornece:

$$Z_3 = \sqrt{Z_1 Z_2}\text{, ou} \qquad \text{(VI-16)}$$

$$n_3 = \sqrt{n_1 n_2}. \qquad \text{(VI-17)}$$

A substituição de (VI-16) em (VI-15) fornece a razão entre o novo coeficiente de transmissão e o anterior:

$$\frac{T}{T_{12}} = \left[\frac{2(Z_1 + Z_2)}{\left(\sqrt{Z_1} + \sqrt{Z_2}\right)^2} \right]^2 = \left[\frac{2(n_1 + n_2)}{\left(\sqrt{n_1} + \sqrt{n_2}\right)^2} \right]^2. \qquad \text{(VI-18)}$$

Para a superfície ar-vidro, temos $n_1 = 1$ e $n_2 = 1{,}5$ para a faixa óptica, que fornece $T_{12} = 0{,}960$. Caso seja interposto um meio com $n_3 = \sqrt{1 \times 1{,}5} = 1{,}22$, o coeficiente de transmissão aumentaria para $T = 0{,}980$. Se o meio 3 for água, com $n_3 = 1{,}33$, valor diferente do valor ótimo mas situado entre n_1 e n_2, o coeficiente de transmissão, dado agora pela Equação (VI-15), seria 0,976, inferior ao valor ótimo mas superior ao valor original[2]. Este tipo de procedimento denomina-se casamento de impedâncias e é amplamente utilizado em cabos coaxiais, guias de onda e antenas para otimizar a transmissão de energia de um ponto a outro.

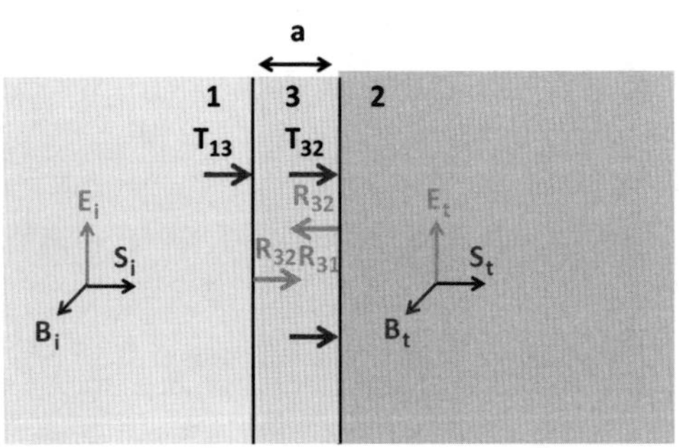

Figura VI-4 – Representação das primeiras das múltiplas reflexões em uma placa dielétrica separando dois meios.

TRANSMISSÃO EM UMA PLACA DIELÉTRICA

A situação ilustrada na Figura VI-3 pode ser imediatamente aplicada caso o meio 2 seja o mesmo que o meio 1 como, por exemplo, a luz atravessando uma janela de vidro. A análise feita na seção anterior está, entretanto, incompleta, já que a onda que é parcialmente refletida na interface 32 é novamente refletida na interface 31, retorna à interface 32, é parcialmente transmitida e parcialmente refletida nesta interface e assim sucessivamente. A Figura VI-4 ilustra a primeira etapa desta sequência.

Em princípio, o campo elétrico e magnético resultantes, transmitidos para a região 2, é a soma *coerente* dos campos transmitidos nesta sequência de reflexões. O termo coerente significa que as diferenças de fase são as mesmas, independentemente do ponto da interface onde cada uma dessas reflexões ocorre. Esta situação será vista com detalhes no Capítulo XII. Caso a espessura da placa seja muito maior do que o comprimento de onda, a soma é, via de regra, *incoerente*, e pode-se somar as intensidades, alternativamente à soma dos campos. No caso de uma janela de vidro, isso ocorre porque, na prática, não é possível fazer um polimento "perfeito" da interface, e ela apresenta imperfeições maiores do que um comprimento de onda da luz na faixa óptica, que é da ordem de 4.000 a 7.000 Å, ou de 0,0004 a 0,0007 mm. As imperfeições resultam em uma diferença de fase para a onda refletida que é diferente para cada ponto da interface. A coerência é então perdida. Em outros termos, o valor da espessura "a" difere de uma quantidade maior do que o comprimento de onda, em cada ponto da interface. Quando ocorre coerência, a transmissão é seletiva e depende do comprimento de onda da radiação (Capítulo XII). Quando não há coerência, esta seletividade é perdida. Por isso a luz que atravessa o vidro de uma janela não seleciona a cor da luz.

Nestas circunstâncias ($\lambda << a$), a sequência mostrada na Figura VI-4 pode ser escrita como:

$$\begin{aligned} T &= T_{13}T_{32} + T_{13}R_{32}R_{31}T_{32} + T_{13}(R_{32}R_{31})^2 T_{32} + \ldots \\ &= T_{13}T_{32}\left(1 + R_{32}R_{31} + (R_{32}R_{31})^2 + \ldots\right) \\ &= \frac{T_{13}T_{32}}{1 - R_{32}R_{31}}, \end{aligned} \tag{VI-19}$$

onde usamos a expressão para a soma dos termos de uma progressão geométrica. Quando o coeficiente de reflexão é muito pequeno, como no caso da luz visível no vidro ou na água, o produto $R_{32}R_{31} \ll 1$, e a Equação (VI-15) é uma boa aproximação para o coeficiente de transmissão. Note que esta análise depende do comprimento de onda da radiação e das características da placa. Por exemplo, no caso da radiação de micro-ondas, a transmissão por uma parede interna típica de uma residência tem $\lambda \approx a$ e a análise anterior não se aplica.

INCIDÊNCIA NORMAL EM CONDUTORES

INCIDÊNCIA NORMAL EM UMA PLACA CONDUTORA

Ao incidir na superfície de *um bom condutor ôhmico*, a onda eletromagnética que nele penetra é fortemente atenuada devido à energia absorvida pelo meio e dissipada sob a forma de calor. Os campos elétrico e magnético da onda transmitida diminuem com a distância a partir da interface e praticamente se extinguem para distâncias da ordem da profundidade de penetração (Equação (III-41) – efeito pelicular). Para bons condutores, como o cobre, esta atenuação é tão acentuada que as amplitudes dos campos se tornam desprezíveis em relação à amplitude do campo incidente *para distâncias menores do que um comprimento de onda*, tornando difícil identificar as propriedades que usualmente revelam a presença de uma onda caminhante. Esta forte atenuação indica que podemos considerar o campo elétrico resultante transmitido no interior de um bom condutor (idealizado como um condutor "perfeito") como sendo nulo.

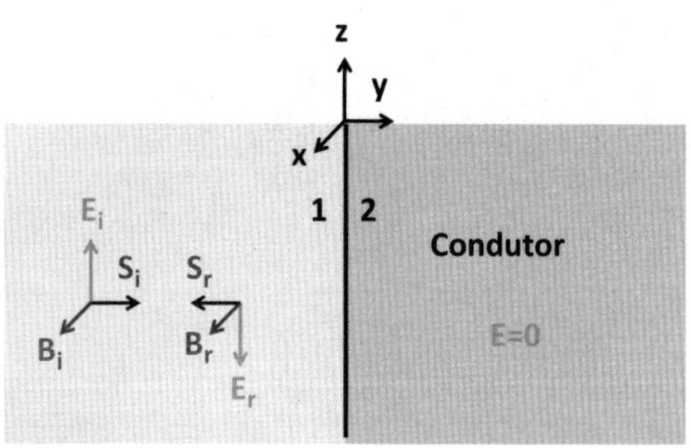

Figura VI-5 – Incidência normal de uma onda eletromagnética na superfície de um condutor.

A Figura VI-5 ilustra a incidência normal em um condutor. A condição de contorno (VI-3), com $E_t = 0$, impõe que $E_i = E_r$, ou seja, a onda incidente é totalmente refletida. Um bom condutor é um espelho para a radiação eletromagnética. Este resultado pode ser obtido considerando $Z_2 \to 0$ (curto) no tratamento da incidência normal em um dielétrico. A Equação (VI-7) fornece neste limite $E_r = E_i$, e a Equação (VI-10), $E_t = 0$, que correspondem às condições de contorno para um bom condutor.

Utilizando as orientações dos campos mostrados na Figura VI-5, obtemos, para $y < 0$:

$$\vec{E} = \left(E_i cos(ky - \omega t) - E_i cos(ky + \omega t)\right)\hat{z},$$
$$= 2E_i sen(ky) sen(\omega t)\hat{z}, \quad \text{(VI-20)}$$

ou seja, forma-se uma onda estacionária com um nó na superfície do condutor, $y = 0$.

O campo magnético pode ser determinado utilizando a Equação (VI-5) e as orientações mostradas na Figura VI-5:

$$\vec{B} = \left(\frac{E_i}{v_1} cos(ky - \omega t) + \frac{E_i}{v_1} cos(ky + \omega t)\right)\hat{x},$$
$$= 2\frac{E_i}{v_1} cos(ky) cos(\omega t)\hat{x}, \quad \text{(VI-21)}$$
$$= 2\frac{E_i}{v_1} sen\left(ky + \frac{\pi}{2}\right) sen\left(\omega t + \frac{\pi}{2}\right)\hat{x}.$$

O campo magnético que também forma uma onda estacionária não está mais em fase com o campo elétrico, mas 90° fora de fase, com um máximo na superfície do condutor. Se $y = -\lambda/4$, $cos(ky) = cos(-\pi/2) = 0$ e o primeiro nó da onda estacionária do campo magnético está distante $\lambda/4$ da superfície do condutor.

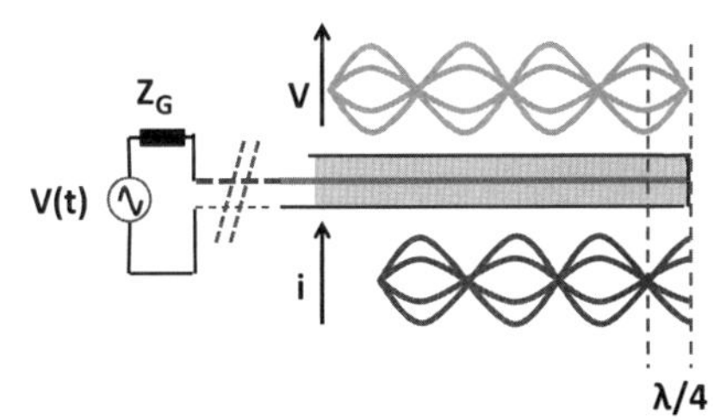

Figura VI-6 – Cabo coaxial muito longo terminado em curto, ilustrando as ondas estacionárias de voltagem (parte superior) e de corrente (parte inferior) formadas.

CABO COAXIAL EM CURTO

Uma situação similar e bastante ilustrativa deste comportamento pode ser vista na Figura VI-6, que mostra uma fonte alternada conectada a um cabo coaxial muito longo terminado em curto-circuito. A onda eletromagnética que se propaga no cabo coaxial é uma onda TEM e as conclusões obtidas acima podem ser diretamente aplicadas a esta situação. A voltagem é proporcional ao campo elétrico e a corrente ao campo magnético (Equações (III-2) e (I-7)), de modo que a voltagem é nula na terminação em curto e forma-se uma onda estacionária tanto para a voltagem quanto para a corrente. A primeira tem um nó na terminação (curto) e a segunda tem um nó situado a $\lambda/4$ desta. Os pontos onde existem nós indicam que ou o campo elétrico ou o campo magnético é zero e, portanto, o vetor de Poynting também é nulo. Não há fluxo de energia ao longo do cabo coaxial em curto.

Note ainda que quando ocorre um nó para o campo elétrico (voltagem), a impedância (razão entre a voltagem e a corrente naquele ponto) é zero, $Z = 0$. Por sua vez, quando ocorre um nó para o campo magnético a corrente é zero, o que corresponde a um circuito aberto, $Z = \infty$. A impedância não é mais a mesma em todos os pontos do cabo coaxial como ocorre quando ele é percorrido por uma onda caminhante. Quando há uma onda estacionária, a impedância varia de zero a infinito (de curto circuito a circuito aberto) em uma distância de $\lambda/4$. Esta dependência da impedância com a posição só não ocorre quando a terminação é casada, isto é, quando a impedância da terminação é igual à impedância característica do cabo, Z_c.

COMPLEMENTO: TERMINAÇÃO EM CABOS COAXIAIS

Usando as Equações (III-17) e (III-18) podemos expressar a razão entre os campos elétrico e magnético em termos da razão entre a voltagem e a corrente em um ponto qualquer do cabo coaxial, da impedância característica, Z_c, e da velocidade de propagação, v, da onda caminhante:

$$\frac{E}{B} = \frac{v}{Z_c}\left(\frac{V}{i}\right). \tag{VI-22}$$

A Figura VI-7 ilustra a conexão. Na terminação é imposto o vínculo $V/i = Z_T$, cuja impedância consideraremos ser puramente resistiva. Assim, na interface com a terminação, os campos no cabo coaxial devem obedecer à condição de contorno:

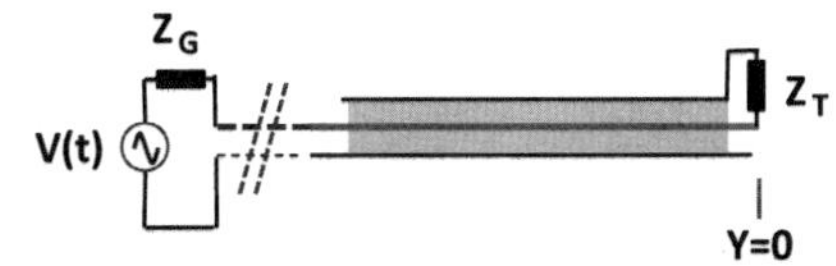

Figura VI-7 – Cabo coaxial muito longo terminado com uma impedância Z_T.

$$\left(\frac{E}{B}\right)_{y=0} = \frac{E_i - E_r}{B_i + B_r} = v\frac{Z_T}{Z_c}. \qquad \text{(VI-23)}$$

ou ainda, lembrando que $B_{i,r} = E_{i,r}/v$:

$$\frac{E_i - E_r}{E_i + E_r} = \frac{Z_T}{Z_c}. \qquad \text{(VI-24)}$$

Um procedimento idêntico ao usado para obter a Equação (VI-7) fornece:

$$E_r = \left(\frac{Z_c - Z_T}{Z_c + Z_T}\right)E_i. \qquad \text{(VI-25)}$$

Neste caso não há onda transmitida. A diferença entre a energia transportada pela onda incidente e a energia transportada pela onda refletida é dissipada na resistência. Se a resistência da terminação for igual à impedância característica do cabo, $Z_c = Z_T$ e, pela Equação (VI-25), não há onda refletida e toda a energia transportada pela onda incidente é transferida para a terminação. *Neste caso diz-se que a terminação está "casada".*

O campo elétrico resultante pode ser escrito como a superposição de duas ondas caminhantes em sentidos opostos, com amplitudes diferentes:

$$E = E_i cos\left(ky - \omega t\right) - E_r cos\left(ky + \omega t\right).$$

Somando e subtraindo $E_r cos(ky-\omega t)$ e rearranjando com auxílio da trigonometria obtemos:

$$
\begin{aligned}
E &= (E_i - E_r)cos(ky-\omega t) + E_r cos(ky-\omega t) - E_r cos(ky+\omega t) \\
&= (E_i - E_r)cos(ky-\omega t) + 2E_r sen(ky) sen(\omega t).
\end{aligned} \quad \text{(VI-26)}
$$

Usando o mesmo procedimento para o campo magnético, obtemos:

$$
\begin{aligned}
B &= B_i cos(ky-\omega t) + B_r cos(ky+\omega t) \\
&= \frac{(E_i - E_r)}{v} cos(ky-\omega t) + \frac{2E_r}{v} cos(ky) cos(\omega t).
\end{aligned} \quad \text{(VI-27)}
$$

Em um ponto do cabo distante L da terminação, isto é, $y = -L$, temos:

$$E = (E_i - E_r)cos(kL+\omega t) - 2E_r sen(kL) sen(\omega t), \quad \text{(VI-28)}$$

$$B = \frac{(E_i - E_r)}{v} cos(kL+\omega t) + \frac{2E_r}{v} cos(kL) cos(\omega t). \quad \text{(VI-29)}$$

A impedância do cabo coaxial em um ponto $y = -L$ pode ser obtida a partir das Equações (VI-22), (VI-28) e (VI-29). Esta impedância é denominada impedância de carga vista do ponto $y = -L$:

$$Z(-L) = \frac{Z_c}{v}\left(\frac{E}{B}\right). \quad \text{(VI-30)}$$

Note que, de acordo com as Equações (VI-28) e (VI-29), E e B não estão em fase e $Z(-L)$ depende do tempo em virtude da formação de uma onda estacionária. Existem condições para as quais esta dependência temporal pode ser eliminada, adequando-se para a utilização prática. Vamos analisar alguns desses casos particulares importantes.

IMPEDÂNCIA CASADA

Se a impedância da terminação for igual à impedância característica do cabo, as impedâncias do cabo e da terminação estão casadas, $E_r = 0$, $E/B = v$ e $Z(-L) = Z_c$, *independentemente do comprimento L*. Não há reflexão. A energia é integralmente transferida do gerador (ou da fonte) para a terminação (ou receptor). Este é um resultado de grande importância prática em casos em que é conveniente ter liberdade para escolher o comprimento do cabo coaxial. Por exemplo, antenas que ficam afastadas dos receptores, como aquelas posicionadas no topo dos edifícios, devem estar casadas com o cabo coaxial que faz a ligação entre eles para que não haja perda de sinal. O mesmo vale para a impedância de entrada dos receptores. Equipamentos e antenas profissionais projetados adequadamente obedecem a este critério.

L=λ/2: TRANSFORMADOR DE MEIA ONDA

Neste caso, $kL = \pi$, $sen(kL) = 0$, $cos(kL) = -1$, e $cos(kL + \omega t) = -cos(\omega t)$. Logo, utilizando as Equações (VI-24), (VI-28), (VI-29) e (VI-30), obtemos:

$$\frac{E}{B} = \frac{E_i - E_r}{E_i + E_r} v = \frac{Z_T}{Z_c} v,$$

e

$$Z(-L) = Z_T.$$

Assim, se a distância à terminação for de *meio comprimento de onda*, a impedância de carga é igual à impedância da terminação.

L=λ/4: TRANSFORMADOR DE QUARTO DE ONDA

Neste caso, $kL = \pi/2$, $sen(kL) = 1$, $cos(kL) = 0$, e $cos(kL + \omega t) = -sen(\omega t)$. Utilizando as Equações (VI-24), (VI-28), (VI-29) e (VI-30):

$$\frac{E}{B} = \frac{E_i + E_r}{E_i - E_r} v = \frac{Z_c}{Z_T} v,$$

e

$$Z(-L) = \frac{Z_c^2}{Z_T}. \tag{VI-31}$$

A impedância de carga é *inversamente proporcional à impedância da terminação*. Se tivermos um curto-circuito, $Z_T = 0$ e $Z(-L) = \infty$, isto é, transforma-se em circuito aberto, como vimos anteriormente. Alternativamente, se a terminação é um circuito aberto, $Z_T = \infty$ e $Z(-L) = 0$, a impedância de carga é um curto-circuito.

O transformador de quarto de onda é utilizado para efetuar o casamento de impedância nos mesmos moldes utilizados quando vimos a incidência normal em dielétricos. A situação é ilustrada na Figura VI-8. A fonte (ou gerador) de voltagem tem uma impedância interna que denominaremos Z_G e que consideraremos como sendo resistiva. Quando uma resistência é colocada em série com a fonte, a máxima potência que

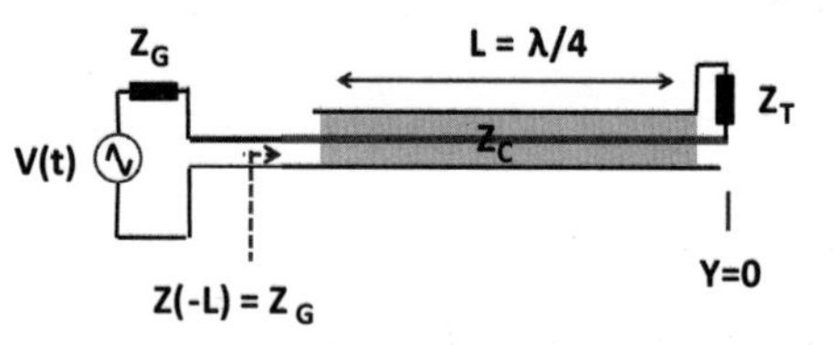

Figura VI-8 – Transformador de quarto de onda.

pode ser transferida para esta resistência ocorre quando seu valor é igual a Z_G. Pode ocorrer que a impedância de um determinado equipamento tenha uma impedância $Z_T \neq Z_G$ e o circuito não é otimizado em termos de transferência de energia. A otimização ocorre se a impedância vista da fonte ($Z(-L)$) for igual a Z_G. Esta condição pode ser obtida utilizando-se um cabo coaxial de comprimento igual a $\lambda/4$ e impedância característica dada pela Equação (VI-31), ou seja, $Z_c = \sqrt{Z_G Z_T}$. Este casamento de impedância é, entretanto, seletivo, válido para uma frequência que corresponda a $\lambda = 4L$. Por exemplo, para $Z_G = 10\,\Omega$ e $Z_T = 250\ \Omega$, um cabo coaxial de 1m com $Z_c = 50\,\Omega$ faria o casamento para um frequência de 75 MHz, assumindo $\varepsilon_r = 1$.

L<<λ: CABO ELETRICAMENTE CURTO

Se $L << \lambda$, resulta que $kL << 1$ e $sen(kL) \sim 0$. Temos, então, utilizando as Equações (VI-28), (VI-29) e (VI-30):

$$\frac{E}{B} = \frac{E_i - E_r}{E_i + E_r} v = \frac{Z_T}{Z_c} v,$$

e

$$Z(-L) = Z_T,$$

ou seja, a impedância de carga *é igual à impedância da terminação*. Este é o caso corriqueiro de cabos ou fios de alimentação de equipamentos que funcionam com voltagens alternadas cuja frequência é 60 Hz. O comprimento de onda correspondente é de cerca de 5.000 km! Para todos os fins práticos, a resistência de carga de aparelhos eletrodomésticos é a mesma, qualquer que seja o comprimento do fio utilizado para ligá-los na tomada.

VOLTAGEM NA RESISTÊNCIA DE TERMINAÇÃO

Na resistência de terminação temos que $L = 0$, e a amplitude do campo elétrico, (E_T), é dada pela Equação (VI-28): $E_T = E_i - E_r$. Como a voltagem no cabo coaxial é proporcional ao campo elétrico (Equação (III-2)), esta expressão pode ser reescrita como $V_T = V_i - V_r$. Usando a Equação (VI-25), obtemos:

$$\frac{V_T}{V_i} = 1 - \frac{V_r}{V_i} = 1 - \frac{E_r}{E_i} = \frac{2Z_T}{Z_T + Z_c}.$$

Esta última equação pode ser usada para a determinação da impedância característica do cabo pela medida da razão V_T/V_i quando se varia a resistência de terminação[3]. Caso ocorra o casamento de impedâncias a voltagem medida na terminação é igual à voltagem incidente.

COMPLEMENTO: ENERGIA DISSIPADA NA SUPERFÍCIE DE UM CONDUTOR

Na incidência normal nos condutores, tanto para a onda plana quanto para a terminação em curto no cabo coaxial, consideramos que as amplitudes máximas dos campos elétricos associados à onda incidente e à onda refletida eram iguais, isto é, $E_r = E_i$. Entretanto, vimos no Capítulo III, ao estudarmos o efeito pelicular, que existe potência dissipada em um condutor ôhmico, caso exista um campo magnético transverso, paralelo à superfície do condutor. Este é o caso da incidência normal, onde a amplitude do campo magnético na superfície é dada pela soma dos campos magnéticos associados à onda incidente e à onda refletida, isto é, $B_{\|} = B_i + B_r$. Mostraremos que a potência dissipada é muito pequena comparada com a incidente e que fazer $E_r = E_i$ é uma boa aproximação para bons condutores ôhmicos.

Usando as Equações (III-45) e (III-46) e fazendo a média temporal para a potência dissipada por unidade de área na superfície do condutor, obtemos:

$$I_{diss} = \frac{1}{2} R_s \frac{\left(B_i + B_r\right)^2}{\mu_0^2}.$$

Temos que $B_i = B_r$ e, para uma onda TEM, $B = E/v$. Logo,

$$I_{diss} = \frac{1}{2} R_s \frac{4E_i^2}{\mu_0^2 v^2} = \frac{1}{2} R_s \frac{4E_i^2}{Z_0^2},$$

onde Z_0 é a impedância característica do meio (ar). A intensidade da radiação incidente é (Equação (IV-10)) $I_i = E_i^2 / 2Z_0$, de modo que:

$$\frac{I_{diss}}{I_i} = 4 \frac{R_s}{Z_0}. \qquad \text{(VI-32)}$$

Para uma onda de 1 GHz incidente no cobre ($R_s = 8{,}17 \times 10^{-3}\ \Omega$ e $Z_0 = 120\,\pi = 377\ \Omega$), obtemos $I_{diss}/I_i = 1{,}36 \times 10^{-4}$, ou seja, apenas cerca de 0,014% da energia incidente por unidade de área é dissipada no cobre. Este resultado ilustra por que as paredes metálicas de um forno de micro-ondas (2,45 GHz) não esquentam ao refletir a energia eletromagnética fornecida pelo gerador.

CAPÍTULO VII

Cavidades ressonantes

Cavidades ressonantes são estruturas metálicas fechadas destinadas a armazenar energia eletromagnética com frequências bem definidas. Seu princípio pode ser visto a partir da Figura VI-6, que mostra a criação de uma onda estacionária em um cabo coaxial em curto. Se construirmos uma estrutura fechada inserindo uma folha metálica onde está localizado um dos nós do campo elétrico, este campo permanecerá oscilando enquanto a energia não for dissipada devido a perdas ôhmicas. A Figura VII-1 ilustra a situação para um comprimento do cabo igual a $\lambda/2$, mostrando a distribuição da voltagem e da corrente associadas à onda TEM estacionária. Como existem campos magnéticos tangenciais aos condutores interno e externo e às "tampas" condutoras, ocorre dissipação por perdas ôhmicas. Consequentemente, a energia armazenada inicialmente, *W*, dada pela integração da densidade de energia eletromagnética (Equação (III-30)) no volume entre os condutores, diminui com o tempo. Quanto menor for a energia dissipada (P_{diss}), maior é o tempo de decaimento da energia armazenada. A performance da cavidade é medida por um parâmetro que só depende da geometria da cavidade, denominado fator de qualidade, Q, dado por:

$$Q = \omega_0 \frac{W}{P_{diss}}, \qquad \text{(VII-1)}$$

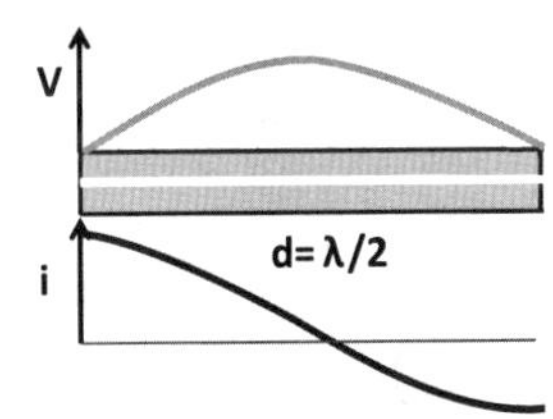

Figura VII-1 – Cavidade TEM de $\lambda/2$. As distribuições da voltagem (acima) e da corrente (abaixo) correspondentes à menor frequência de ressonância estão indicadas.

onde ω_0 é a frequência de ressonância da cavidade. No caso da Figura VII-1, podemos ter ressonância para vários valores de comprimentos de onda, desde que $d = m\lambda/2$, onde m é um número inteiro. Logo:

$$\omega_0 = 2\pi f_0 = 2\pi \frac{v}{\lambda} = 2\pi \frac{mv}{2d}.$$

Para se ter uma ideia de ordem de grandeza, usando um cabo coaxial de 10 cm e aproximando $v \sim c$, temos que a menor frequência de ressonância (m = 1) é 1,5 GHz.

CAVIDADES TEM

O tipo de cavidade analisada anteriormente é denominada cavidade TEM (de meio comprimento de onda), porque os campos oscilantes são transversos eletromagnéticos, como no cabo coaxial, que foi utilizado para ilustrar o conceito. Na prática, as cavidades são projetos elaborados. Como a perda ôhmica está diretamente relacionada ao efeito pelicular, superficial, a superfície interna deve ter alta condutividade e bom polimento para que possam ser obtidos altos valores de Q. Cobre ou prata são metais utilizados. Valores de Q da ordem de 10^3-10^4 podem ser obtidos desta forma para uso na faixa de alguns GHz. Para valores de Q bem mais altos, da ordem de 10^9, algumas variações na geometria são necessárias, além de serem utilizados materiais supercondutores, como o nióbio, para que a potência dissipada possa ser substancialmente reduzida. A alimentação da cavidade pode ser feita próxima a uma de suas bases, onde o campo magnético é máximo, por meio de um fio condutor conectado a um cabo coaxial, formando uma única espira. O sinal de prova pode ser retirado da mesma forma, como ilustra a Figura VII-2.

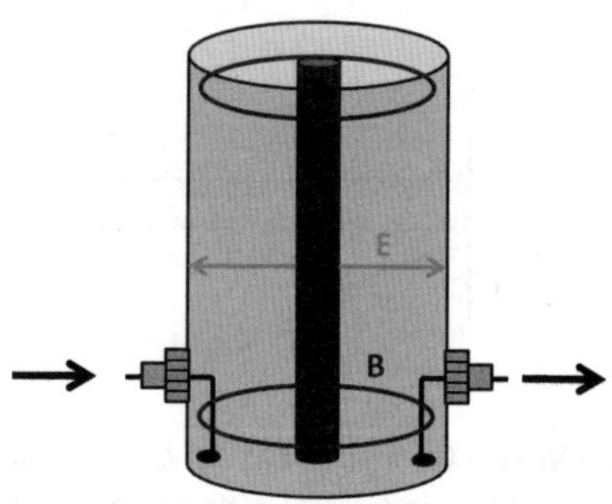

Figura VII-2 – Cavidade TEM de $\lambda/2$, conectada aos cabos coaxiais de alimentação e de prova.

As cavidades ressonantes são filtros de frequência extremamente seletivos. Os campos só se mantêm oscilando no seu interior na frequência de ressonância, sendo fortemente reduzidos quando a frequência de alimentação se desvia dessa frequência. A Figura VII-3 ilustra a corrente medida na saída da cavidade em função da frequência da corrente de alimentação. Pode ser mostrado que a largura da banda, $\Delta\omega$, é dada por $\Delta\omega = \omega_0 / Q$, que pode ser muito estreita se o valor de Q for elevado.

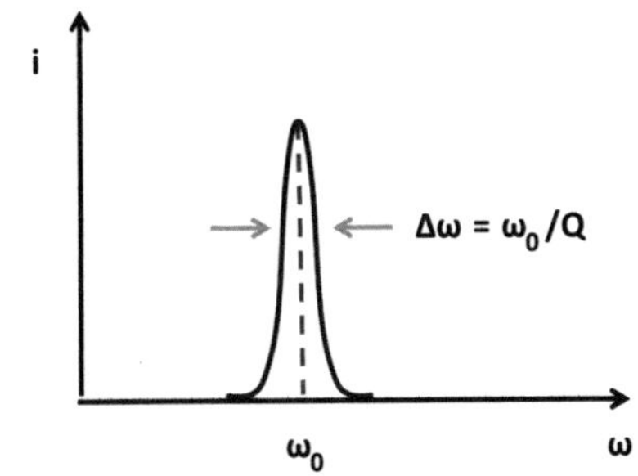

Figura VII-3 – Curva de resposta de frequência de uma cavidade ressonante.

ACELERADORES LINEARES

Cavidades supercondutoras do tipo TEM (em inglês, HWR, *Half Wave Resonator*) ilustradas acima, são usadas em aceleradores lineares para acelerar feixes pulsados de prótons ou íons pesados. Neste tipo de aplicação, é aberto um orifício no centro da cavidade, onde o campo elétrico é máximo, para acelerar o feixe. As Figuras VII-4(a) e VII-4(b) ilustram as posições do pulso de partículas separadas por meio período de oscilação da cavidade. O feixe pulsado tem seu período de pulsação e velocidade sincronizadas com as oscilações dos campos da cavidade e leva meio período para percorrer a distância L, sendo acelerado duas vezes pelo campo elétrico ao percorrê-la. A cavidade é alimentada por condutor na forma de espira na região onde o campo magnético é máximo (parte superior na figura). Se T é o período de oscilação e v_p é a velocidade do feixe, temos $L = v_p\, T/2$ que, em termos do comprimento de onda, pode ser escrita como:

$$\frac{v_p}{c} = \frac{2L}{\lambda}.$$

A expressão acima permite estimar valores típicos para este tipo de aplicação. Para $L = 15$ cm e $v_p/c = 0{,}15$ (correspondente a prótons de 10,5 MeV) temos $\lambda = 200$ cm e $f = 150$ MHz. Embora similares, a geometria das cavidades usadas em LINACs (*Linear Accelerators*) são mais elaboradas do que a mostrada na Figura VII-4, apresentando um desenho mais abaulado, com contornos mais suaves a fim de minimizar os campos magnéticos tangenciais e as perdas ôhmicas. A fabricação deve ser ainda suficientemente robusta para suportar campos elétricos da ordem de 10^6 V/m no seu interior.

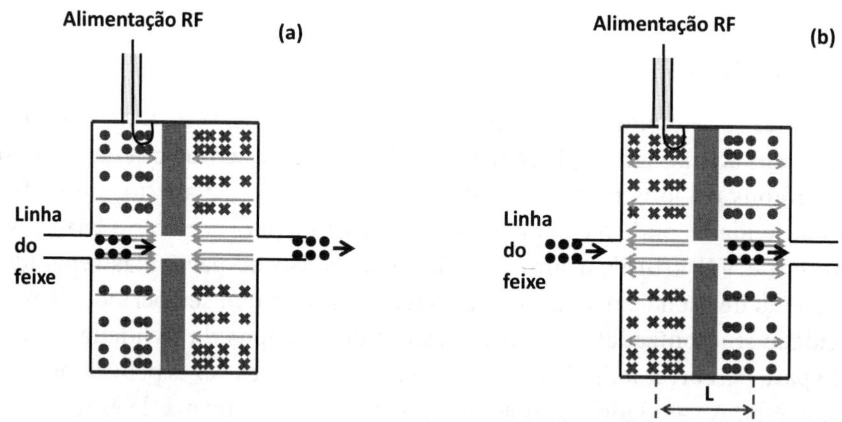

Figura VII-4 – Cavidades ressonantes utilizadas em aceleradores lineares. Os painéis (a) e (b) representam uma defasagem de T/2.

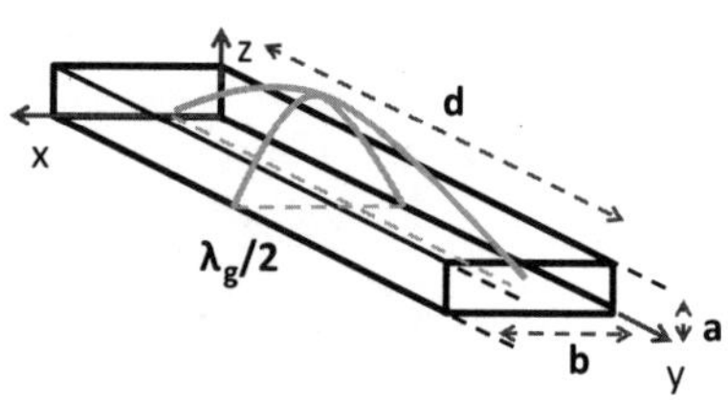

Figura VII-5 – Cavidade ressonante retangular, ilustrando a forma da amplitude do campo elétrico, no modo TE (1,1), nas direções x e y.

CAVIDADES RETANGULARES

O mesmo raciocínio utilizado acima, para o cabo coaxial, pode ser aplicado ao guia de onda de seção retangular estudado no Capítulo V. Se o guia de onda for terminado por uma placa condutora, a onda caminhante dada pela Equação (V-1) será substituída por uma onda estacionária com um nó localizado na terminação do guia. Se um segundo condutor fechar completamente o guia, transformando-o em uma cavidade ressonante retangular (Figura VII-5), ela admitirá campos eletromagnéticos oscilantes se $d = m\lambda_g/2$, onde m é um número inteiro. Usando a Equação (V-7), obtemos as frequências possíveis na cavidade para o modo TE:

$$f = \sqrt{f_c^2 + \left(\frac{mc}{2d}\right)^2} = \sqrt{\left(\frac{nc}{2b}\right)^2 + \left(\frac{mc}{2d}\right)^2}, \qquad \text{(VII-2)}$$

onde usamos a definição da frequência de corte para este modo, dado pela Equação (V-5). Para uma determinada dimensão da cavidade, os pares (n,m) estabelecem as várias frequências de ressonância possíveis, sendo o par (1,1) aquele que corresponde à menor frequência. Por exemplo, se $b = d = 30$ cm, a menor frequência de ressonância é 0,71 GHz.

Qualquer objeto condutor oco forma uma cavidade ressonante. Naturalmente que, se esse objeto tiver uma forma arbitrária, não é possível determinar analiticamente as frequências de ressonância, mas elas podem ser determinadas experimentalmente alimentado-a e sondando-a como ilustrado nas Figuras VII-2 e VII-3. A ordem de grandeza da frequência de ressonância mais baixa é $f \approx c/L$ onde L é a dimensão típica da cavidade.

FORNO DE MICRO-ONDAS

A aplicação de muitos dos conceitos vistos anteriormente pode ser encontrada em um eletrodoméstico familiar e de uso generalizado. O forno de micro-ondas usa a radiação de micro-ondas para aquecer alimentos. A frequência estabelecida pelas agências reguladoras é de 2,45 GHz, a mesma para transmissão *Bluetooth*. Embora não corresponda a nenhuma frequência de ressonância específica de moléculas que constituem a matéria prima dos alimentos, ela é bastante efetiva para as perdas dielétricas na água. A água é uma molécula polar e tende a alinhar o seu dipolo elétrico com o campo elétrico externo. Este movimento afeta, por contato, as moléculas vizinhas, como a própria água, gordura, lipídios etc., que recebem parte desta energia e a dissipam em forma de calor. Esta capacidade de se alinhar com o campo externo e dissipar energia pela interação com as moléculas do meio depende tanto da frequência quanto da constituição do meio. Para 2,45 GHz a água é eficiente para fazer esta dissipação, ao passo que o quartzo, cerâmica e alguns plásticos como o teflon e o polipropileno são ineficientes. Por isso, estes últimos são usados como recipientes para os alimentos nos fornos de micro-ondas.

O forno é alimentado por uma válvula do tipo Magnetron, conectada à cavidade principal por um guia de onda, como ilustra a Figura VII-6. A válvula Magnetron tem a forma de um tronco de cilindro oco e opera com elétrons emitidos por um filamento central. Os elétrons são acelerados na direção da periferia do cilindro por campos elétricos (voltagens da ordem de 4.000 V) e têm as trajetórias (que seriam radiais) deformadas por um campo magnético axial (da ordem de 0,1 T), aumentando a aceleração e a energia irradiada (ver Capítulo IX). Este conjunto opera em uma cavidade ressonante acoplada a um guia de onda que conduz energia para o interior da cavidade principal onde se encontra o alimento.

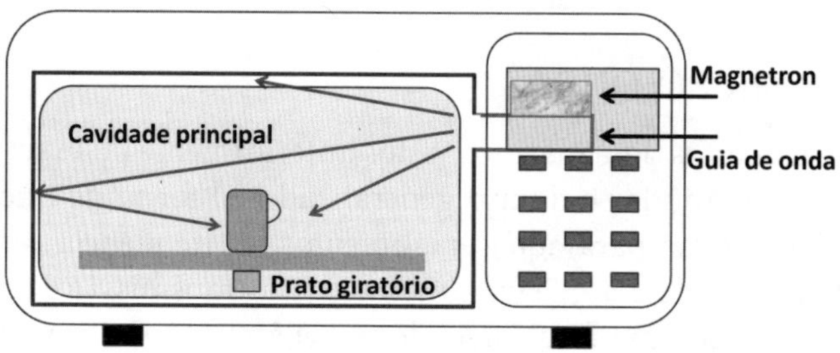

Figura VII-6 – Partes principais de um forno de micro-ondas de uso doméstico.

Como foi visto na seção anterior, uma cavidade principal de dimensões da ordem de 30 cm, que corresponde aproximadamente a um forno de 30 litros, tem sua menor frequência de ressonância na faixa de 0,71 GHz, de modo que a frequência de operação de 2,45 GHz excita principalmente os modos superiores da cavidade. Em vista disso, a intensidade da radiação apresenta várias regiões de máximos e mínimos (correspondentes aos nós em uma dimensão) no espaço interno da cavidade principal. A localização dessas regiões de máximo e mínimo depende do tipo e da forma dos alimentos, já que as frequências correspondentes aos vários modos dependem da geometria e da permissividade relativa do meio. Isto causa um aquecimento não homogêneo nos alimentos e, por este motivo, usa-se um prato giratório para uniformizá-lo.

CAPÍTULO VIII

Incidência oblíqua de ondas TEM

INCIDÊNCIA OBLÍQUA EM UM DIELÉTRICO

Na incidência oblíqua, além das relações entre as amplitudes dos campos refletido e transmitido (ou refratado) e as amplitudes dos campos incidentes, as condições de contorno também estabelecem as direções de propagação das ondas refletida e transmitida para uma dada direção de incidência.

As direções de incidência, reflexão e transmissão, de uma onda TEM são dadas pelos respectivos vetores de Poynting, e formam um plano, denominado plano de incidência. Os campos elétricos podem ser decompostos em duas componentes, uma neste plano e outra ortogonal a ele. Vamos primeiramente considerar o caso em que o campo elétrico está no plano de incidência, conforme ilustra a Figura VIII-1.

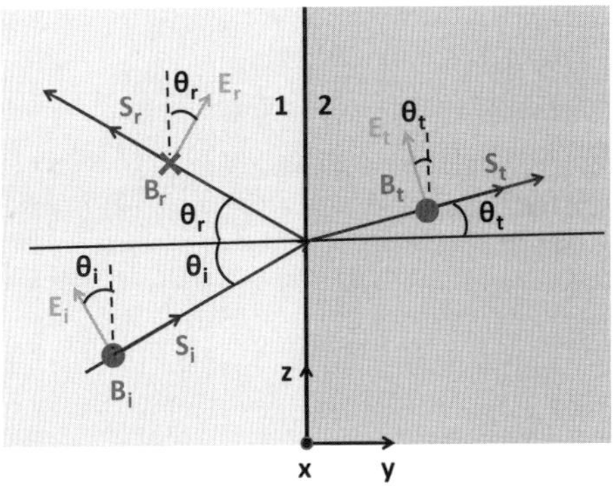

Figura VIII-1 – Geometria da incidência oblíqua na interface entre dois dielétricos. Polarização no plano de incidência.

Os campos elétricos incidente, refletido e transmitido podem ser expressos, respectivamente, como (Equação (II-10)):

$$\vec{E}_i = \vec{E}_{0i} cos\left(\vec{k}_i \cdot \vec{r} - \omega t\right) \qquad \text{(VIII-1)}$$

$$\vec{E}_r = \vec{E}_{0r} cos\left(\vec{k}_r \cdot \vec{r} - \omega t\right) \quad \text{(VIII-2)}$$

$$\vec{E}_t = \vec{E}_{0t} cos\left(\vec{k}_t \cdot \vec{r} - \omega t\right). \quad \text{(VIII-3)}$$

Estes campos oscilam nas direções fixas, $\vec{E}_{0i}$, $\vec{E}_{0r}$, e $\vec{E}_{0t}$, e são denominados *linearmente polarizados*. As direções de polarização neste caso estão no plano de incidência. Quando a onda é linearmente polarizada no plano de incidência ela é denominada "p" (*parallel*, paralelo em alemão), enquanto se ela é polarizada perpendicular ao plano de incidência ela é denominada "s" (*senkrecht*, perpendicular em alemão).

GEOMETRIA DA REFLEXÃO E REFRAÇÃO

As condições de contorno para as componentes do campo elétrico e do campo magnético devem ser satisfeitas para *toda* a interface (plano *xz*) e para *qualquer instante t*. Isto só é possível se as três fases, na interface, forem iguais, isto é:

$$\vec{k}_i \cdot \vec{r} - \omega t = \vec{k}_r \cdot \vec{r} - \omega t = \vec{k}_t \cdot \vec{r} - \omega t \,\big|_{y=0}$$

No plano $y = 0$, $\vec{r} = \vec{x} + \vec{z}$, logo:

$$k_{ix}x + k_{iz}z = k_{rx}x + k_{rz}z = k_{tx}x + k_{tz}z.$$

Como a condição acima deve ser satisfeita para qualquer valor de x e z, temos:

$$k_{ix} = k_{rx} = k_{tx}$$

$$k_{iz} = k_{rz} = k_{tz}.$$

Mas, pela observação da Figura VIII-1, temos que $k_{iz} = k_i \, sen\theta_i$, $k_{rz} = k_r \, sen\theta_r$ e $k_{tz} = k_t \, sen\theta_t$. Logo, pela última equação:

$$k_i sen\theta_i = k_r sen\theta_r = k_t sen\theta_t. \qquad \text{(VIII-4)}$$

Quando ocorre a mudança de meio, a velocidade de propagação da onda muda (Equação (VI-1)), mas a frequência se mantém a mesma. Como $v = \lambda f$, o comprimento de onda muda, assim como o número de onda, k, que pode ser escrito como:

$$k = \frac{2\pi}{\lambda} = 2\pi \frac{f}{v} = n2\pi \frac{f}{c} = nk_0 \qquad \text{(VIII-5)}$$

onde utilizamos a Equação (VI-1) e definimos $k_0 = 2\pi f / c$. Substituindo para os meios 1 e 2 na Equação (VIII-4) e eliminando k_0, obtemos:

$$n_1 sen\theta_i = n_1 sen\theta_r = n_2 sen\theta_t,$$

que fornece:

$$sen\theta_i = sen\theta_r \qquad \text{(VIII-6)}$$

$$n_1 sen\theta_i = n_2 sen\theta_t. \qquad \text{(VIII-7)}$$

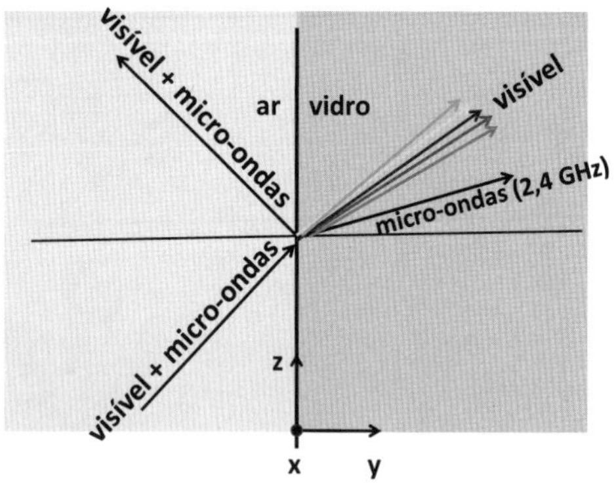

Figura VIII-2 – Dispersão cromática. Semelhanças (na reflexão) e diferenças (na refração) entre as várias cores da luz visível e a radiação de micro--ondas incidindo na interface ar-vidro.

Esta última equação é a *Lei de Snell* e a anterior estabelece que o ângulo de incidência é igual ao ângulo de reflexão, independentemente dos índices de refração dos dois meios.

A Figura VIII-2 ilustra a incidência a 45º, em uma interface ar-vidro, de uma radiação na faixa do visível ($1,517 < n_2 < 1,532$) e na faixa de micro-ondas a 2,4 GHz ($n_2 = 2,5$). O ângulo de reflexão da luz e do sinal de *Wi-Fi* (2,4 GHz) é o mesmo, mas a refração do sinal de *Wi-Fi* ($\theta_t \sim 16,4^0$) é maior do que a luz ($\theta_t \sim 28,1^0$). A dispersão da cor branca incidente nas várias cores refratadas ocorre pelo mesmo motivo, isto é, porque o índice de refração do vidro é maior para a cor violeta do que para a cor vermelha. Esta dependência do índice de refração com a frequência da radiação é denominada *dispersão cromática*.

AMPLITUDE DOS CAMPOS REFLETIDO E REFRATADO: POLARIZAÇÃO NO PLANO DE INCIDÊNCIA (P)

A amplitude dos campos refletido e transmitido pode ser determinado de forma similar à incidência normal: impondo as condições de contorno na interface. Pela geometria indicada na Figura VIII-1, temos que a continuidade da componente tangencial do campo elétrico fornece:

$$E_i cos(\theta_i) + E_r cos(\theta_r) = E_t cos(\theta_t)$$

ou

$$E_i + E_r = \alpha E_t \qquad \text{(VIII-8)}$$

onde

$$\alpha = \frac{cos(\theta_t)}{cos(\theta_i)}. \tag{VIII-9}$$

De maneira análoga, a continuidade da componente normal do vetor deslocamento (componente na direção y) fornece:

$$\varepsilon_1\left[-E_i sen(\theta_i) + E_r sen(\theta_r)\right] = \varepsilon_2[-E_t\ sen(\theta_t)]$$

ou

$$E_i - E_r = \beta E_t \tag{VIII-10}$$

onde

$$\beta = \frac{n_2}{n_1} = \frac{Z_1}{Z_2}. \tag{VIII-11}$$

Para obter as Equações (VIII-10) e (VIII-11) fizemos uso da Lei de Snell e da Equação (VI-1) com ($\mu_1 = \mu_2 = \mu_0$).

Resolvendo o par de Equações (VIII-8) e (VIII-10), obtemos:

$$E_r = \left(\frac{\alpha - \beta}{\alpha + \beta}\right) E_i \tag{VIII-12}$$

$$E_t = \left(\frac{2}{\alpha + \beta}\right) E_i. \tag{VIII-13}$$

A amplitude dos campos refletido e transmitido depende dos índices de refração e do ângulo de incidência. Antes de analisarmos alguns casos importantes vamos fazer uma análise análoga para o caso em que o campo elétrico é ortogonal ao plano de incidência.

AMPLITUDE DOS CAMPOS REFLETIDO E REFRATADO: POLARIZAÇÃO ORTOGONAL AO PLANO DE INCIDÊNCIA (S)

A geometria deste caso está ilustrada na Figura VIII-3. O campo elétrico é puramente tangencial (paralelo à interface). A continuidade da componente tangencial fornece:

$$E_i + E_r = E_t. \tag{VIII-14}$$

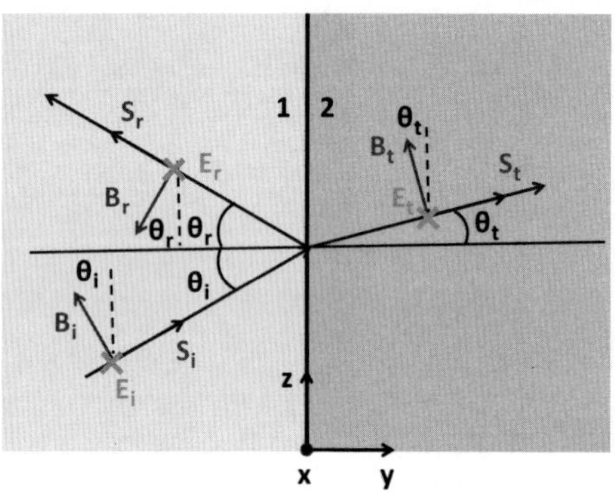

Figura VIII-3 – Geometria da incidência oblíqua na interface entre dois dielétricos. Polarização ortogonal ao plano de incidência.

Para o campo magnético, temos que a componente tangencial do campo H deve ser contínua. Assumindo que $\mu_1 = \mu_2 = \mu_0$, obtemos:

$$B_i cos(\theta_i) - B_r cos(\theta_r) = B_t cos(\theta_t).$$

Como $B = nE/c$, podemos reescrever a equação acima como:

$$E_i - E_r = \gamma E_t \tag{VIII-15}$$

onde, usando a Lei de Snell,

$$\gamma = \frac{n_2}{n_1}\frac{cos(\theta_t)}{cos(\theta_i)} = \frac{Z_1}{z_2}\frac{cos(\theta_t)}{cos(\theta_i)} = \frac{sen(\theta_i)}{sen(\theta_t)}\frac{cos(\theta_t)}{cos(\theta_i)}. \tag{VIII-16}$$

Combinando as Equações (VIII-14), (VIII-15) e (VIII-16), obtemos:

$$E_r = \left(\frac{1-\gamma}{1+\gamma}\right)E_i = \frac{sen(\theta_t - \theta_i)}{sen(\theta_t + \theta_i)}E_i \qquad \text{(VIII-17)}$$

$$E_t = \left(\frac{2}{1+\gamma}\right)E_i. \qquad \text{(VIII-18)}$$

Para as duas polarizações, o fluxo de energia incidente por unidade de tempo é igual à soma dos fluxos transmitido e refletido, ou seja, $\langle \vec{S}_i \rangle \cdot \hat{\boldsymbol{n}} = \langle \vec{S}_r \rangle \cdot \hat{\boldsymbol{n}} + \langle \vec{S}_t \rangle \cdot \hat{\boldsymbol{n}}$, onde $\hat{\boldsymbol{n}}$ é o vetor unitário perpendicular à interface.

POLARIZAÇÃO POR REFLEXÃO: ÂNGULO DE BREWSTER

As Equações (VIII-12), (VIII-13), (VIII-17) e (VIII-18) indicam a possibilidade de uma situação particular que merece destaque. As amplitudes dos campos transmitidos são sempre diferentes de zero. Entretanto, embora a amplitude do campo refletido para o caso da polarização ortogonal também seja diferente de zero (exceto para o caso trivial onde $n_1 = n_2$), a amplitude do campo refletido para a polarização paralela (Equação (VIII-12)) pode ser nula se $\alpha = \beta$, isto é:

$$\frac{cos(\theta_t)}{cos(\theta_i)} = \frac{n_2}{n_1}.$$

Usando esta última condição juntamente com a Lei de Snell (e alguma trigonometria) para eliminar o ângulo θ_t, obtemos a condição que o ângulo de incidência θ_i deve satisfazer para que o campo refletido na polarização paralela seja totalmente extinto:

$$tg\left(\theta_{iB}\right) = \frac{n_2}{n_1}. \tag{VIII-19}$$

Este ângulo é denominado *ângulo de Brewster*. É fácil mostrar, usando a Lei de Snell, que esta condição é satisfeita se $\theta_{iB} + \theta_{tB} = 90^0$, ou seja, o ângulo entre o raio transmitido e o raio refletido é 90°. Para a interface ar-vidro ($n_1 = 1$ e $n_2 = 1,5$) o ângulo de Brewster é 56,3° na faixa óptica e 68,2° na faixa de 2,45 GHz ($n_2 = 2,5$).

A radiação emitida pela maioria das fontes luminosas, tais como a luz solar, lâmpadas, velas etc. é não polarizada, isto é, o campo elétrico da onda TEM não tem uma direção bem definida e fica continuamente mudando sua direção no espaço. Ao incidir na interface entre dois dielétricos, o campo elétrico não polarizado da onda caminhante pode ser decomposto em duas componentes: uma no plano de incidência e outra perpendicular a este plano, como mostra a Figura VIII-4. Se o ângulo de incidência for igual ao ângulo de Brewster, a onda refletida estará linearmente polarizada na direção ortogonal ao plano de incidência. A intensidade associada à componente ortogonal ao plano de incidência da onda transmitida é reduzida, enquanto aquela associada à componente paralela ao plano de incidência permanece a mesma. A onda torna-se parcialmente polarizada no plano de incidência.

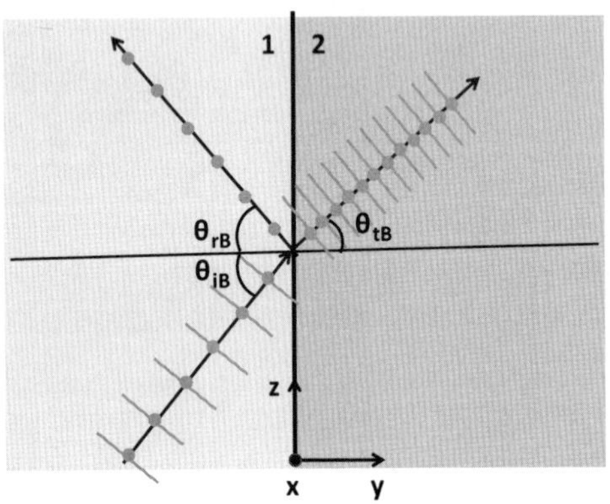

Figura VIII-4 – Onda não polarizada incidindo com o ângulo de Brewster na interface entre dois dielétricos. A onda refletida é linearmente polarizada.

Como $\theta_{iB} = 90^0 - \theta_{tB}$, substituindo na Equação (VIII-19), obtemos $ctg\left(\theta_{tB}\right) = n_2/n_1$, ou $tg\left(\theta_{tB}\right) = n_1/n_2$. Caso o meio 2 seja uma placa dielétrica, o ângulo de incidência na superfície de saída é igual a θ_{tB}, que é o ângulo de Brewster para a segunda interface (meio 2 para o meio 1). Dessa forma, também não há reflexão de uma onda paralela ao plano de incidência na segunda interface. A componente perpendicular ao plano de incidência é progressivamente suprimida, já que parte da energia incidente é refletida, enquanto aquela paralela ao plano de incidência permanece inalterada, conforme ilustra a Figura VIII-5. Uma placa dielétrica transparente à luz visível utilizada desta forma é denominada *janela de Brewster*. Lasers gasosos, de He-Ne ou CO_2, utilizam janelas de Brewster para polarizar a luz por eles produzida.

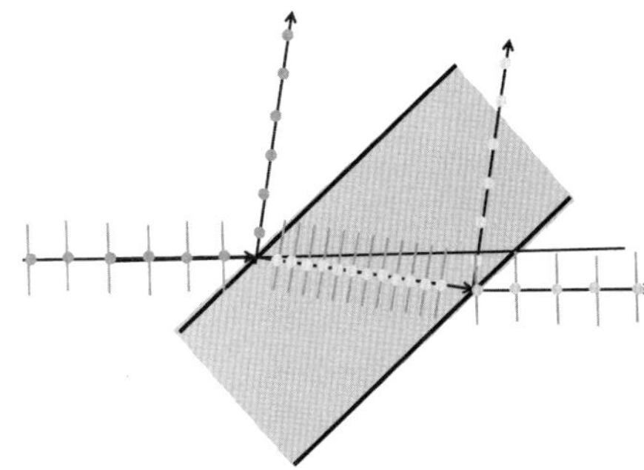

Figura VIII-5 – Janela de Brewster. A componente do campo elétrico perpendicular ao plano é progressivamente atenuada ao passar pelas duas interfaces, enquanto a paralela não sofre atenuação.

Técnicas baseadas no ângulo de Brewster também são frequentemente usadas para medir, com boa acurácia, o índice de refração de uma substância.

O fenômeno da polarização por reflexão foi descrito acima como consequência direta da imposição das condições de contorno dos campos eletromagnéticos na interface entre dois dielétricos. Como veremos no Capítulo XI, este fenômeno está intimamente ligado à distribuição da radiação produzida pelas cargas que são aceleradas pelo campo elétrico da onda transmitida no dielétrico 2.

REFLEXÃO TOTAL

As configurações geométricas ilustradas nas Figuras VIII-1 a VIII-4 correspondem ao caso em que $n_1 < n_2$ e o ângulo de transmissão (ou refração) é menor do que o ângulo de incidência. O caso em que $n_1 > n_2$ está ilustrado na Figura VIII-6. O ângulo de transmissão é maior que o ângulo de incidência e, aumentando-se o ângulo de incidência, ele pode chegar a 90°. O ângulo de incidência para o qual $\theta_t = 90^0$ é determinado pela Lei de Snell (fazendo $sen(\theta_t) = 1$) e é denominado *ângulo limite ou ângulo crítico*:

$$sen(\theta_{iL}) = \frac{n_2}{n_1}. \qquad \text{(VIII-20)}$$

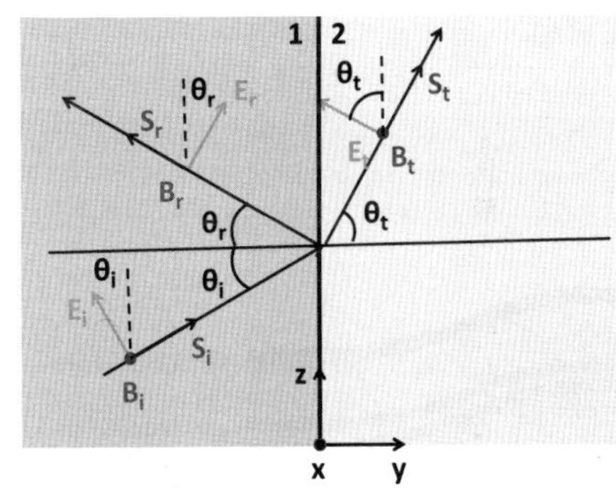

Figura VIII-6 – Geometria com polarização no plano de incidência e $n_1 > n_2$.

Para a interface vidro-ar (n_1 = 1,5 e n_2 = 1) o ângulo limite é 41,8°. Para valores do ângulo de incidência igual ou maiores do que o ângulo limite, ocorre a reflexão total.

Para $\theta_t = 90^0$, as Equações (VIII-9) e (VIII-16) fornecem, respectivamente $\alpha = 0$ e $\gamma = 0$. Com isso, qualquer que seja a polarização da onda incidente, temos que $|\vec{E}_r| = |\vec{E}_i|$ (Equações (VIII-12) e (VIII-17)) e a componente do vetor de Poynting, perpendicular à interface, associada à onda incidente é igual à componente associada à onda refletida. Ou seja, o fluxo total do vetor de Poynting na direção e sentido de $\hat{y}$ é nulo e não há energia transferida de um meio para outro. Note que, para as duas polarizações $\vec{E}_t \neq \vec{0}$. As condições de contorno impõem a existência de uma *onda evanescente*, que se propaga na interface na direção e sentido de $\hat{z}$, cuja amplitude do campo elétrico decresce exponencialmente na direção e sentido de $\hat{y}$. A reflexão total é um fenômeno que tem inúmeras aplicações práticas. Uma delas são as fibras ópticas discutidas a seguir.

FIBRAS ÓPTICAS

As fibras ópticas são guias de ondas, usados nas faixas óptica e infravermelha, e consistem basicamente de duas camadas concêntricas de dielétricos, o núcleo e a casca, que confinam a propagação no interior do núcleo por meio da sua reflexão total na interface com a casca. O núcleo tem índice de refração maior do que a casca permitindo a reflexão total na interface. Este conjunto, extremamente fino, com uma espessura da ordem de 5 a 10 μm, é recoberto por um revestimento de fibras sintéticas para dar sustentação mecânica e flexibilidade, e envolto em uma cobertura para proteção. A Figura VIII-7 ilustra o corte longitudinal dos principais componentes de uma fibra óptica. Este tipo de fibra é denominado "*single-mode*" e é o mais usado em aplicações em medicina e telecomunicações. As fibras são usualmente agrupadas em um cabo constituído por um conjunto de várias fibras.

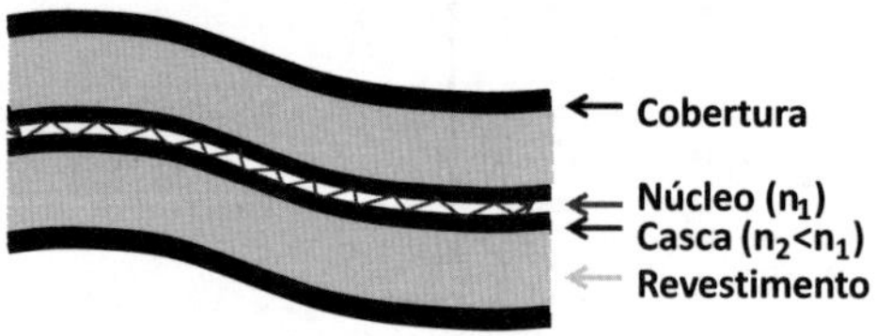

Figura VIII-7 – Corte transversal de uma fibra óptica.

Um exemplo de uso corrente das fibras ópticas em medicina diagnóstica é a Endoscopia (endo (=dentro) e escopia (=observar)). O endoscópio consiste de dois conjuntos de fibras ópticas, um envolvendo o outro, formando um cabo cilíndrico, conforme esquematizado na Figura VIII-8. O conjunto de fibras externo guia a luz de uma lâmpada na direção do objeto (estômago, por exemplo) para iluminá-lo. A luz emitida pelo objeto incide em um conjunto de lentes acopladas ao conjunto interno de fibras e é guiada até uma câmera de visualização.

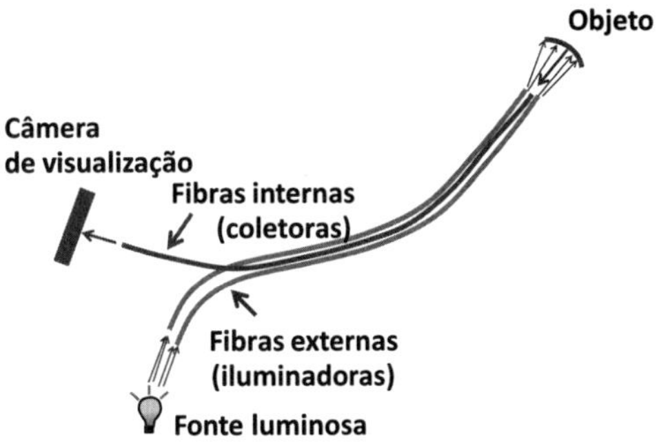

Figura VIII-8 – Esquema de funcionamento de um endoscópio.

Outra aplicação importante das fibras ópticas é a transmissão de dados. Para médias distâncias (poucos km) e altas frequências (alguns GHz) o cabo coaxial apresenta uma atenuação significativa por perdas ôhmicas, devido ao efeito pelicular (Equação (III-41)), e perdas no dielétrico. Para frequências ainda maiores, da ordem de dezenas de GHz, e dependendo das dimensões dos condutores do cabo, o modo TE pode começar a se propagar juntamente com o modo TEM. Como estes dois modos têm velocidades de propagação diferentes, ocorre muita distorção do sinal. Estas características prejudicam a propagação limpa de sinais com altas taxas de informação. Em contraste, as fibras ópticas apresentam baixa atenuação *na faixa do infravermelho*, especialmente nos comprimentos de onda de 1.300 e 1.500 nm. As fibras são também imunes à interferência de ondas eletromagnéticas no ambiente, além de terem menor peso e espessura comparativamente aos cabos coaxiais. Por sua vez, a confecção de emendas nas fibras ópticas exige técnicas bem mais elaboradas do que no caso dos cabos coaxiais, além de apresentarem grandes perdas se a curvatura da fibra for muito acentuada.

COMPLEMENTO: TRANSMISSÃO DIGITAL DE DADOS

Nesta seção complementar vamos apresentar alguns conceitos básicos sobre transmissão digital de dados (internet, enlaces entre computadores, TV digital etc.) a fim de aprofundarmos um pouco mais o que foi dito acima.

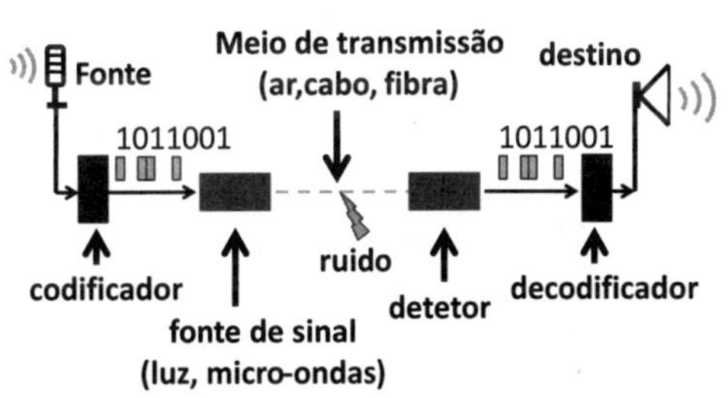

Figura VIII-9 – Esquema simplificado dos componentes para transmissão digital de dados.

A Figura VIII-9 ilustra os componentes essenciais para um canal de transmissão de dados. O sinal proveniente da fonte – por exemplo, um sinal de voz em um microfone – é codificado na forma de um trem de pulsos e encaminhado para uma fonte para adaptar o sinal digital ao meio de transmissão. Esta fonte pode ser um diodo emissor de luz (LED - *Light Emission Diode*) ou um diodo LASER, no caso de fibras ópticas, ou um modulador e uma antena no caso de transmissão pelo ar por radiofrequência ou micro-ondas. O sinal chega ao destino, após sofrer atenuação, distorção e contaminação por ruídos espúrios no meio de transmissão e é detectado por um fotodiodo, no caso das fibras ópticas, ou por uma antena receptora acoplada a um demodulador, no caso da radiofrequência (a função do modulador/de modulador será vista no Capítulo X). O sinal elétrico binário passa então por um decodificador cuja função é recuperar o sinal original.

O conteúdo do sinal original é transformado em um conjunto de pulsos binários, cada um deles denominado bit (do inglês, *BInary uniT*). Naturalmente, quanto mais conteúdo tiver que ser transmitido (por exemplo, um sinal de vídeo ao invés de um sinal de voz), maior será o número de bits (ou pulsos) que devem ser transmitidos por unidade de tempo no meio. Em consequência, para "caber" mais e mais pulsos em um segundo, a largura temporal de cada um deles deve diminuir mais e mais.

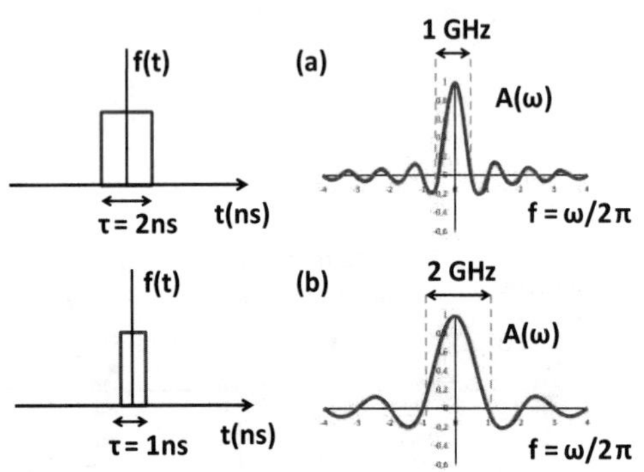

Figura VIII-10 – Pulsos retangulares de 2 e 1 ns de duração e as amplitudes A(ω) correspondentes à representação desses pulsos dada pela Equação (VIII-21).

Na discussão sobre dispersão, feita no Capítulo V, vimos que uma função periódica pode ser expressa por uma soma infinita de funções senos e/ou cossenos com diferentes amplitudes e frequências *discretas*. Quando a função é não periódica, como no caso de um pulso único, este tipo de representação também pode ser feito, mas a distribuição de frequências não é mais discreta, mas *contínua*. A soma torna-se uma integral.

Assim, uma função arbitrária do tempo, *f(t)*, pode ser expressa como:

$$f(t) = \int_0^\infty A(\omega)\cos(\omega t)\,d\omega. \qquad \text{(VIII-21)}$$

Para um pulso retangular de largura τ, como ilustrado na Figura VIII-10(a), pode-se mostrar que:

$$A(\omega)=\frac{2}{\pi}\frac{sen(\omega\tau/2)}{\omega}. \tag{VIII-22}$$

A função $A(\omega)$ acima está mostrada no lado direito da Figura VIII-10(a), para τ = 2 ns, e indica a forma como as amplitudes dos cossenos devem depender da frequência para reproduzir corretamente o pulso, quando continuamente somados segundo a Equação (VIII-21). As maiores contribuições para $A(\omega)$ concentram-se em uma banda de frequências de 1 GHz, como mostrado no lado direito da Figura VIII-10(a). Esta banda de frequências é denominada banda base. Se a largura do pulso é reduzida para τ = 1 ns (Figura VIII-10(b)) a banda base é *alargada* para 2 GHz. Assim, *quanto maior a taxa de transmissão*, menor a largura dos pulsos e *maior a banda de frequências* necessária para manter uma razoável integridade da forma dos pulsos. A *largura da banda necessária para reproduzir a informação é proporcional à taxa de transmissão*[4]. Para τ = 1 ns = 10^{-9} s, temos uma taxa de transmissão 10^9 bites/s = 1 Gbites/s correspondendo a uma banda de 2 GHz.

Se uma das partes do conjunto {fonte de sinal-meio de transmissão-detector} não responde a altas frequências, o pulso fica distorcido, aumentando seus tempos de subida e de descida e arredondando os ângulos retos. Esta deterioração do sinal aumenta com o alargamento da banda base ou com o aumento da distância percorrida pelo sinal no meio de transmissão e pode tornar imprecisa a identificação dos vários sinais binários em sucessão. As fibras ópticas são menos restritivas do que os cabos coaxiais nestes aspectos. Na comunicação por fibras, a limitação da largura da banda para pequenas distâncias é devida principalmente aos transdutores: o diodo ou LASER emissor ou o fotodiodo receptor.

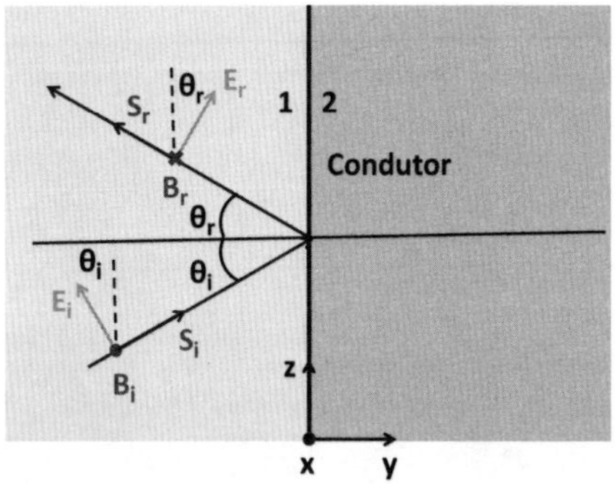

Figura VIII-11 – Incidência oblíqua em um bom condutor. A onda incidente é totalmente refletida.

INCIDÊNCIA OBLÍQUA EM CONDUTORES

A incidência oblíqua na superfície de um condutor está ilustrada na Figura VIII-11 para o caso em que a polarização está no plano de incidência. Conforme vimos no Capítulo VI, a incidência em condutores pode ser obtida a partir da incidência em dielétricos considerando $Z_2 \to 0$ (curto). Este limite reproduz as condições de contorno a serem satisfeitas pelos campos elétrico e magnético na superfície do condutor. De acordo com as Equações (VIII-11), (VIII-12) e (VIII-13), quando $Z_2 \to 0$, $\beta \to \infty$, e $E_r = -E_i$ e $E_t = 0$. Ou seja, a onda incidente é integralmente refletida. No caso da polarização perpendicular ao plano de incidência ocorre o mesmo. Pelas Equações (VIII-16), (VIII-17) e (VIII-18), quando $Z_2 \to 0, \gamma \to \infty, E_r = -E_i$ e $E_t = 0$. Qualquer que seja a polarização, a onda incidente é totalmente refletida na superfície de um condutor, com o ângulo de reflexão igual ao ângulo de incidência.

REFLEXÃO ESPECULAR E DIFUSA

Nas seções anteriores estudamos as propriedades das ondas refletidas e transmitidas em superfícies planas "perfeitas", isto é, sem rugosidade alguma. Na prática, as superfícies não são perfeitamente planas, mas irregulares. Caso as dimensões típicas das irregularidades da superfície (δ) sejam muito menores do que o comprimento de onda, a superfície se comporta como uma superfície "perfeita" e a reflexão é denominada especular. Caso as irregularidades da superfície sejam muito maiores ou da ordem do comprimento de onda a reflexão torna-se difusa. Neste caso a superfície comporta-se como sendo formada por um conjunto contínuo de fontes de radiação de baixa intensidade. Os dois casos estão ilustrados na Figura VIII-12. Assim, a reflexão em uma dada superfície pode ser especular ou difusa dependendo do comprimento de onda. Por exemplo, a areia fina de uma praia ou a parede de uma residência apresenta-se difusa para a incidência da luz visível, mas especular para a radiação de micro-ondas. A iluminação de um cômodo residencial por luz visível ou por *Wi-Fi* são

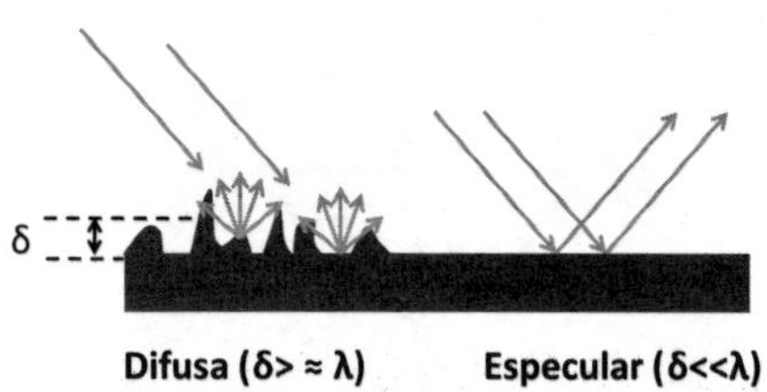

Figura VIII-12 – Reflexão especular e difusa.

bem diferentes, sendo que esta última apresenta múltiplas reflexões, análogas às salas de espelhos infinitos encontradas em alguns parques de diversões.

O conhecimento das propriedades de reflexão é importante em várias aplicações. Como exemplo, a Figura VIII-13 ilustra o caso de um radar em um aeroplano sendo utilizado para delinear a topografia de uma região. Para uma frequência de 10 GHz, $\lambda = 3$ cm. Este comprimento de onda é da ordem de grandeza ou menor que as dimensões das folhas das árvores. Se o registro do receptor no aeroplano se der na forma de uma imagem fotográfica em preto e branco, uma floresta será vista como uma superfície (uma cobertura determinada pelas copas das árvores) pouco rugosa e aparecerá no receptor como uma região cinza. A reflexão será parcialmente especular e parcialmente difusa. Um lago calmo aparecerá como uma região preta (não há radiação retornando ao aeroplano), que poderá se tornar mais clara caso a força dos ventos torne a superfície do lago revolta. Os edifícios de uma cidade, por sua vez, aparecerão no receptor como uma região com algumas formas claras bem definidas causadas por duas ou mais reflexões especulares nas edificações. Variando-se a frequência do radar, podem-se dar mais ou menos ênfase aos detalhes da cobertura da região em estudo.

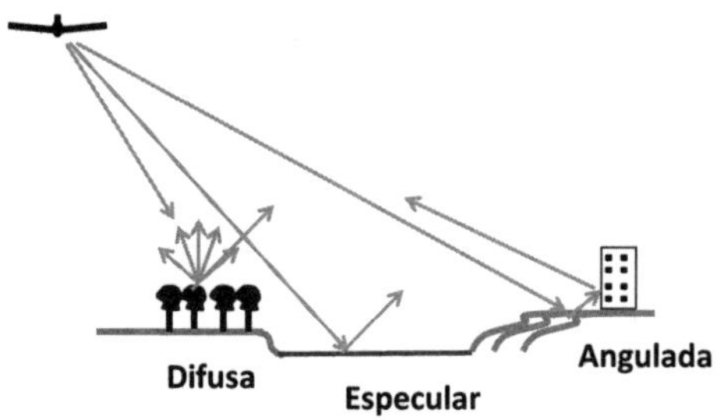

Figura VIII-13 – Reflexões vistas por um radar em um aeroplano.

PARTE IV
GERAÇÃO

CAPÍTULO IX

Radiação por cargas aceleradas

CAMPO DE RADIAÇÃO DE UMA CARGA ACELERADA

Nos capítulos anteriores vimos como as ondas eletromagnéticas se propagam, no espaço livre ou em meios confinados, e como interagem com dielétricos ou condutores. Para completar o estudo veremos agora como as ondas eletromagnéticas são produzidas.

Ondas eletromagnéticas transportam energia de uma região do espaço para outra. Uma região do espaço "irradia" se o fluxo do vetor de Poynting através de uma superfície fechada que envolva esta região é positivo, conforme ilustra a Figura IX-1. Dessa forma, em média, o vetor de Poynting diverge dessa região e, a longas distâncias da fonte geradora, pode ser considerado aproximadamente radial. Para que o vetor de Poynting tenha uma componente radial, os campos elétricos e magnéticos devem ter componentes transversas. A irradiação está então associada à produção de campos elétricos transversos e a um fluxo irreversível de energia a partir da fonte geradora.

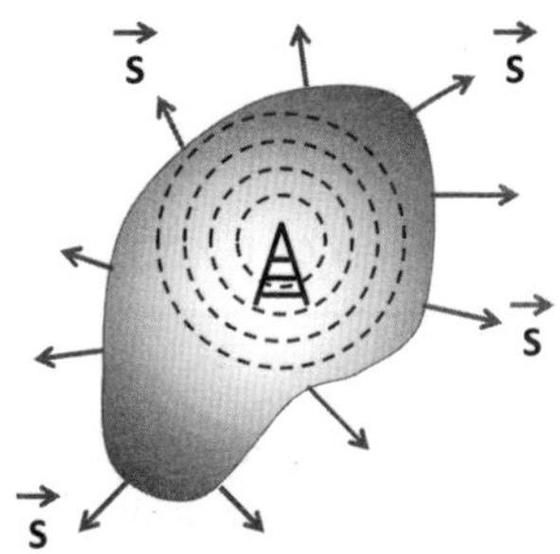

Figura IX-1 – Representação de uma região onde existe uma fonte de ondas eletromagnéticas. Uma superfície fechada que envolva a fonte deve ter fluxo de vetor de Poynting positivo.

O campo elétrico de uma carga parada ou movimentando-se com velocidade constante é radial. Embora não tenhamos demonstrado, esta propriedade, ilustrada

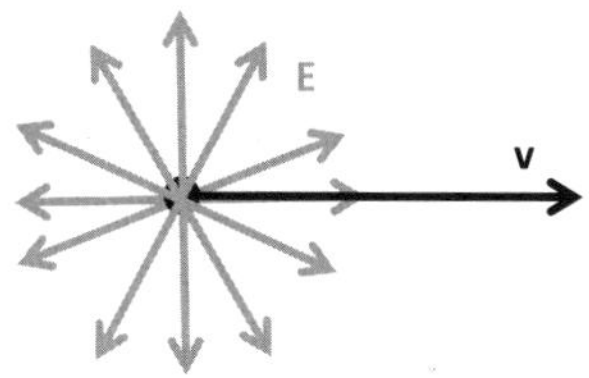

Figura IX-2 – Campo elétrico de uma carga positiva movendo-se com velocidade constante.

na Figura IX-2, vale mesmo que a velocidade da carga seja próxima à da luz. Como vimos no Capítulo I, uma carga com velocidade constante também produz um campo magnético. Entretanto, o vetor de Poynting gerado não possui componente radial, já que $\vec{S} = \left(1/\mu_0\right)\vec{E} \times \vec{B}$, e não há irradiação.

Veremos a seguir que este cenário muda radicalmente se a carga é acelerada. Neste caso, o campo elétrico não é unicamente radial em todo o espaço. Um campo elétrico transverso é produzido resultando em um vetor de Poynting com uma componente radial. Existe um fluxo de energia emergindo da carga. Uma carga, quando acelerada, irradia.

CAMPO DE RADIAÇÃO: ANÁLISE QUALITATIVA

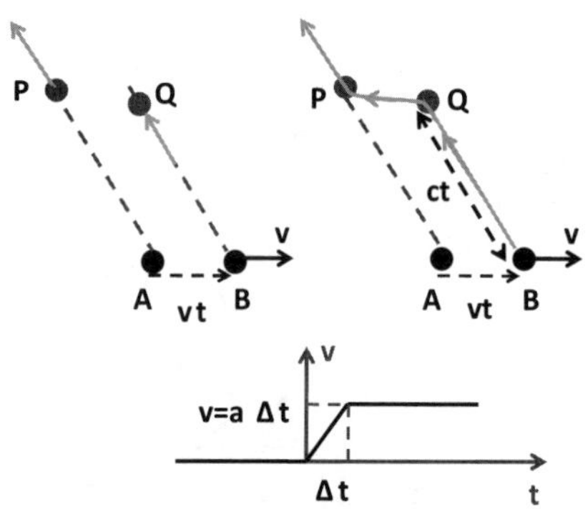

Figura IX-3 – Linhas de força do campo elétrico produzidas por uma carga positiva submetida a uma força impulsiva de duração Δt e observadas após decorrido um tempo t. Após Δt, a carga adquire velocidade constante v. Desenho fora de escala para enfatizar o aparecimento do campo elétrico transverso (v << c).

A Figura IX-3 ajuda a entender qualitativamente o aparecimento do campo elétrico transverso[5]. Considere uma carga inicialmente parada no ponto "A" que produz um campo elétrico no ponto distante "P", campo este dirigido radialmente a partir da posição da carga. No instante $t = 0$, a carga é submetida a uma força impulsiva que provoca uma aceleração, após a qual a carga atinge uma velocidade constante v. Decorrido um intervalo de tempo $t >> \Delta t$, a carga deslocou-se e encontra-se na posição "B", distante vt de "A".

De acordo com as equações de Maxwell, os campos eletromagnéticos transportam informação (carregadas pelas variações dos campos no espaço e no tempo) com uma velocidade finita igual à velocidade da luz no meio. Assim, para um intervalo de tempo t, menor do que PA/c, o observador situado no ponto "P" mede um campo elétrico radial associado à carga parada no ponto "A". A informação indicando a mudança de posição da carga ainda não chegou a este observador. Por sua vez, um observador situado em um ponto "Q" mais próximo a "B", tal que $t \geq QB/c$, já recebeu a informação sobre a mudança de posição da carga e mede um campo elétrico radial, na direção BQ, associado à carga na nova posição e movendo-se com velocidade v.

Pela Lei de Gauss, as linhas de força do campo elétrico não podem ser descontínuas, isto é, terminar ou nascerem em um ponto do espaço onde não existe carga. Consequentemente, as linhas de força na região situada a uma distância da ordem de *ct* da posição da carga devem ser contínuas. As linhas de força radiais, a que sai de "P" e a que chega a "Q", devem ser unidas para não violar a Lei de Gauss. Esta união, como mostra a Figura IX-3, resulta no aparecimento de uma componente transversa (não radial) do campo elétrico.

A componente transversa é consequência da Lei de Gauss e da velocidade da luz ser finita. É esta componente que fornece a informação: "a carga que estava inicialmente em repouso foi acelerada, e agora se move com velocidade constante". Esta informação, embutida na componente transversa do campo elétrico, se propaga a partir da posição original da carga com a velocidade da luz (Figura IX-4). *A componente transversa do campo elétrico em regiões suficientemente afastadas da carga acelerada é denominada campo de radiação.*

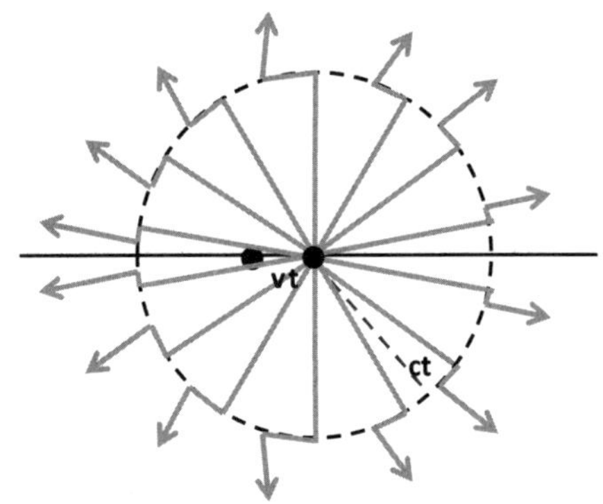

Figura IX-4 – Campo elétrico produzido por uma carga positiva submetida a uma força impulsiva de duração Δt e observado após decorrido um tempo t. Desenho fora de escala para enfatizar o aparecimento do campo elétrico transverso (v<<c).

CAMPO DE RADIAÇÃO: ANÁLISE QUANTITATIVA

O valor da componente transversa pode ser determinado com o auxílio da Figura IX-5. Ela ilustra novamente o caso discutido acima, correspondente a uma carga positiva, inicialmente em repouso, submetida a uma aceleração constante a, durante um intervalo de tempo Δt. Para $t > \Delta t$, a carga atinge uma velocidade constante v, que restringiremos ao regime em que $v \ll c$. Decorrido um tempo t após o início do processo, a carga está a uma distância vt da posição inicial e uma das linhas de força do campo elétrico correspondente à carga nesta posição está representada na Figura IX-5. A figura está *fora de escala* para enfatizar a geometria associada ao campo transverso.

Para pontos situados a distâncias do ponto "A" maiores do que ct, a informação de que a carga foi acelerada ainda não foi recebida, e o campo elétrico observado é o

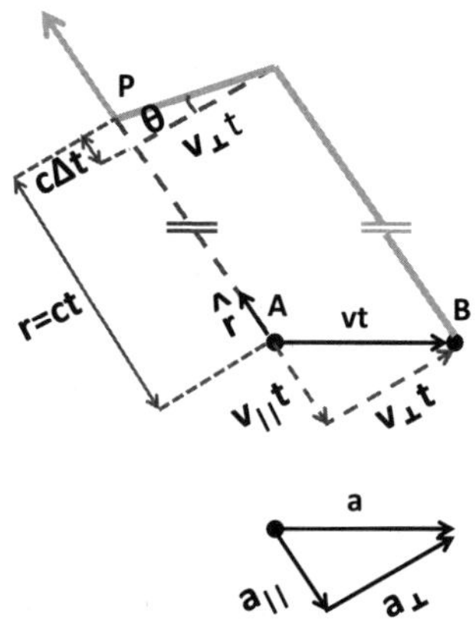

Figura IX-5 – Linha de força do campo elétrico produzida por uma carga positiva submetida a uma força impulsiva de duração Δt e observada após decorrido um tempo t. Após Δt, a carga adquire velocidade constante v.

de uma carga em repouso. Denominaremos este campo elétrico no ponto "P" de $E_{||}$, denotando componentes do campo paralelos a $\hat{\boldsymbol{r}}$:

$$E_{||} = \frac{q}{4\pi\varepsilon_0 r^2}. \tag{IX-1}$$

Como a aceleração tem uma duração Δt, os pontos situados a distâncias menores do que $ct - c\Delta t$ já receberam a informação de que a carga foi acelerada e que está movendo-se com velocidade constante. O campo elétrico nesses pontos é também radial, com as linhas de força partindo do ponto "B". Na região de transição, onde $ct < r < ct - \Delta t$, o campo elétrico tem uma componente radial e uma componente transversa.

A Figura IX-6, ilustra o campo elétrico nesta região, onde está também representada a vista lateral de uma superfície cilíndrica cujas bases têm área elementar ΔS. Aplicando a Lei de Gauss nas duas bases da superfície cilíndrica, temos que componente radial do campo elétrico na região de transição, $E'_{||}$, deve ser igual à componente radial fora dela, $E_{||}$, já que:

$$E'_{||}\,\Delta S = E_{||}\Delta S.$$

Combinando esta igualdade com a $tg\,\theta$ obtida da geometria mostrada nas Figuras IX-5 e IX-6, obtemos:

$$tg\theta = \frac{E'_{||}}{E_\perp} = \frac{E_{||}}{E_\perp} = \frac{c\Delta t}{v_\perp t},$$

ou

$$E_{\perp} = E_{\parallel} \frac{v_{\perp} t}{c \Delta t}.$$

Considerando que $t = r/c$ e que $v_{\perp} = a_{\perp} \Delta t$, obtemos, após a simplificação de Δt:

$$E_{\perp} = E_{\parallel} \frac{a_{\perp} r}{c^2}. \quad \text{(IX-2)}$$

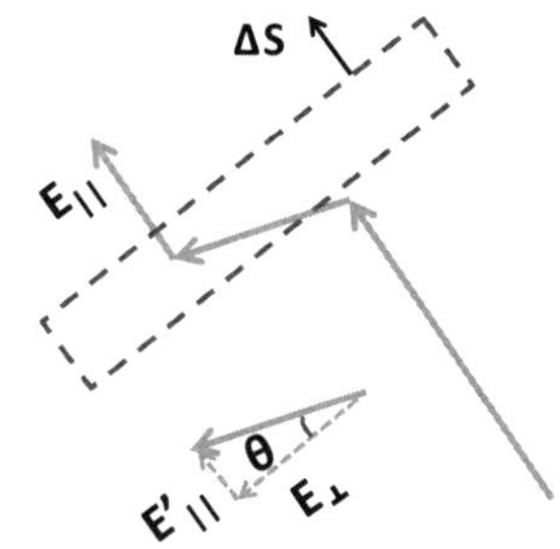

Figura IX-6 – Linha de força do campo elétrico na região de transição. A superfície cilíndrica elementar com área da base igual a ΔS é usada para aplicar a Lei de Gauss.

Finalmente, usando a Equação (IX-1), obtemos o campo elétrico de radiação $\vec{E}_{rad}(t)$:

$$\vec{E}_{rad}(t) = \vec{E}_{\perp}(t) = -\frac{q\vec{a}_{\perp}(t')}{4\pi\varepsilon_0 r c^2} \quad \text{(IX-3)}$$

com

$$t' = t - \frac{r}{c}. \quad \text{(IX-4)}$$

Onde, na Equação (IX-3), explicitamos que o campo de radiação tem a mesma direção e o sentido contrário de $\vec{a}_{\perp}$ (por isso o sinal –), e que a observação deste campo no instante t é devida a uma aceleração aplicada à carga no *tempo retardado t'*, anterior a t. A diferença $t - t'$ é o tempo r/c de propagação da radiação do ponto "A" onde a carga é acelerada, ao ponto de observação "P", onde o campo de radiação é observado.

Note que o campo de radiação *decresce com 1/r*, enquanto o campo radial de uma carga em repouso ou com velocidade constante decresce mais rapidamente, com $1/r^2$. Assim, para grandes distâncias da carga, os campos radiais, dependentes de $1/r^2$, tornam-se desprezíveis e apenas o campo de radiação, transverso, sobrevive. Deve-se ter

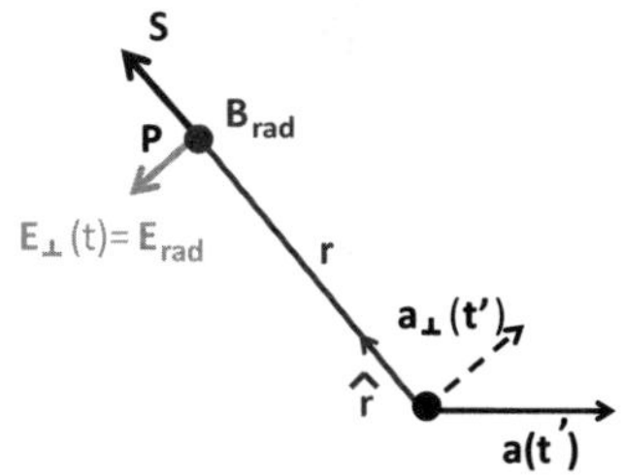

Figura IX-7 – Campo elétrico, campo magnético e vetor de Poynting de radiação associados a uma carga acelerada.

em mente, entretanto, que os campos elétricos, via de regra, têm dependências mais complicadas com a distância *r* para pontos próximos à fonte de radiação, já que nesta região os campos dependem da estrutura da fonte. Para regiões afastadas da fonte, a onda é aproximadamente esférica, e pode ser considerada como plana em uma pequena seção desta esfera. Na prática, considera-se que a zona de radiação (campo distante) corresponde a distâncias superiores a $\sim 10\lambda$ da fonte, para o caso das ondas harmônicas.

Estas considerações indicam que, em regiões suficientemente afastadas da carga, o campo magnético de radiação é o mesmo que o produzido por uma onda eletromagnética puramente transversa, cujo módulo é dado pela Equação (IV-4).

A Figura IX-7 ilustra a geometria dos vetores campo elétrico de radiação, campo magnético de radiação e vetor de Poynting, para pontos distantes de uma carga acelerada. Pela geometria da figura, o campo elétrico de radiação (Equação (IX-3)), o campo magnético de radiação, e o vetor de Poynting, podem ser expressos como:

$$\vec{E}_{rad}(t) = \frac{q\hat{r} \times \left(\hat{r} \times \vec{a}(t')\right)}{4\pi\varepsilon_0 r c^2} \tag{IX-5}$$

$$\vec{B}_{rad} = \hat{r} \times \frac{\vec{E}_{rad}}{c} \tag{IX-6}$$

$$\vec{S} = \frac{\vec{E}_{rad} \times \vec{B}_{rad}}{\mu_0}. \tag{IX-7}$$

Para pontos afastados da fonte, o vetor de Poynting é *radial*, indicando que existe um fluxo de energia eletromagnética *saindo* da região onde existe uma carga submetida a uma aceleração. Embora tenhamos obtido o campo de radiação a partir de uma carga inicialmente em repouso, as Equações (IV-7), (IV-8), e (IV-9) valem para um movimento arbitrário da carga, desde que as velocidades envolvidas obedeçam à condição $v \ll c$.

DIAGRAMA DE RADIAÇÃO

Combinando as Equações (IX-3), (IX-6) e (IX-7), o vetor de Poynting para o campo de radiação pode ser escrito como:

$$\vec{S}(t) = \frac{\left|\vec{E}_{rad}\right|^2}{\mu_0 c}\hat{r} = \frac{q^2}{16\pi^2\varepsilon_0^2\mu_0 c^5}\frac{\left|\vec{a}_\perp(t')\right|^2}{r^2}\hat{r}. \tag{IX-8}$$

Notando que $1/\left(\varepsilon_0^2\mu_0 c^3\right) = Z_0$ (Equação (III-19) – impedância característica do vácuo), temos:

$$\vec{S}(t) = \frac{Z_0 q^2}{16\pi^2 c^2}\frac{\left|\vec{a}_\perp(t')\right|^2}{r^2}\hat{r}. \tag{IX-9}$$

A Figura IX-8 ilustra a geometria quando a aceleração está na direção vertical. Como $a_\perp = a\,sen(\theta)$, podemos reescrever a Equação (IX-9) explicitando a dependência angular do vetor de Poynting:

$$\vec{S}(t) = \frac{Z_0 q^2}{16\pi^2 c^2}\frac{a(t')^2\,sen^2(\theta)}{r^2}\hat{r}. \tag{IX-10}$$

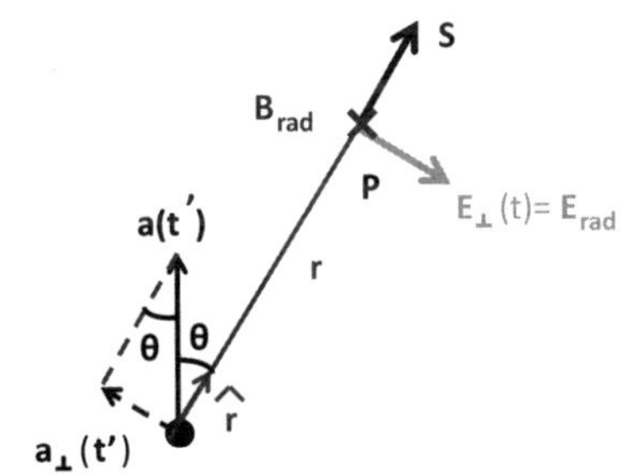

Figura IX-8 – Campo elétrico, campo magnético e vetor de Poynting de radiação associados a uma carga acelerada.

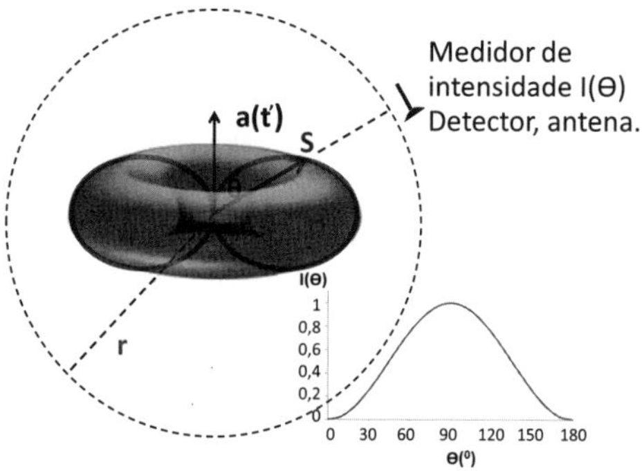

Figura IX-9 – Diagrama de radiação para uma carga acelerada na direção vertical (linha forte em azul no plano do papel). O gráfico da intensidade medida por um receptor percorrendo um círculo de raio r está mostrado na parte inferior da figura.

Esta dependência angular é independente da forma como a aceleração varia no tempo. Pode ser uma aceleração impulsiva, como vimos anteriormente, ou oscilando harmonicamente com o tempo.

A observação do campo de radiação é feita por um receptor, cujas características dependem da frequência da oscilação. Um rádio é um exemplo de receptor para frequências de oscilação na faixa de MHz. O campo de radiação exerce uma força qE_{rad} na antena metálica do receptor, gerando uma corrente elétrica que é amplificada e pode ser quantificada. A partir desta medida, a intensidade de radiação (Equação (IV-10)), pode ser então obtida na região onde está localizado o receptor.

A Figura IX-9 mostra um corte da dependência angular do módulo do vetor de Poynting, conforme dado pela Equação (IX-10), e que é igual à intensidade de radiação, $I(\theta)$. Esta dependência angular é denominada *diagrama de radiação*, e fornece uma visualização da intensidade medida por um receptor localizado a uma distância r suficientemente grande da fonte, em função do ângulo. O diagrama de radiação em três dimensões tem a forma aproximada de uma câmara de ar e cada uma das suas seções retas representadas na figura é denominada *lóbulo*. Fica evidente, pela simples observação da forma dos lóbulos, que a intensidade é máxima na direção perpendicular à aceleração e nula na direção da aceleração. O gráfico da intensidade medida pelo receptor em função do ângulo está incluído na parte inferior da Figura IX-9.

POTÊNCIA TOTAL IRRADIADA POR UMA CARGA ACELERADA

A potência total irradiada pode ser calculada pelo fluxo do vetor de Poynting associado ao campo de radiação, em uma superfície esférica suficientemente afastada da carga:

$$P(t) = \oint_A \vec{\mathbf{S}} \cdot d\vec{\mathbf{A}} = \oint_A S\, dA \qquad \text{(IX-11)}$$

já que tanto o vetor de Poynting quanto o vetor elemento de área são radiais. Conforme ilustra a Figura IX-10, o elemento de área em uma superfície esférica corresponde à área de um quadrado elementar de lados $rd\theta$ e $rsen\theta d\varphi$, de modo que $dA = r^2 sen\theta d\theta d\varphi$. Como o vetor de Poynting depende de r como $1/r^2$ (Equação (IX-10)), o produto SdA independe de r. De fato, não faria sentido que a potência total irradiada pela carga dependesse da posição do observador. Este resultado está diretamente ligado ao fato do campo de radiação, além de ser transverso, depender da distância como $1/r$.

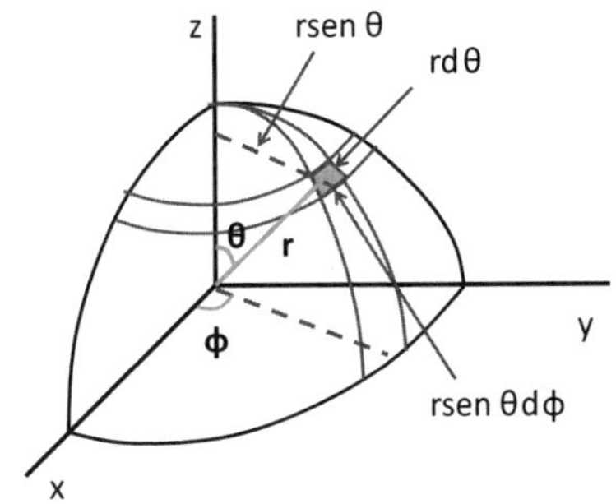

Figura IX-10 – Elemento de área em coordenadas esféricas.

Combinando as Equações (IX-10) e (IX-11), inserindo o elemento de área dA, e simplificando, obtemos:

$$P(t) = \frac{Z_0 q^2 a(t')^2}{16\pi^2 c^2} \int_0^{\pi}\int_0^{2\pi} sen^3(\theta) d\theta d\varphi.$$

A integral em φ é igual a 2π e a integral em θ é igual a 4/3. Daí vem que:

$$P(t) = \frac{Z_0 q^2 a^2(t')}{6\pi c^2}. \qquad \text{(IX-12)}$$

A Equação (IX-12) é denominada *fórmula de Larmor.*

RADIAÇÃO DE DIPOLO: CARGA OSCILANTE

Vamos exemplificar os resultados acima para o caso particular em que a carga faz um movimento harmônico simples com frequência ω, e amplitude z_{max} isto é, $z(t') = z_{max} cos(\omega t')$, de modo que a velocidade e a aceleração da carga são dadas respectivamente por:

$$v(t') = -\omega z_{max} sen(\omega t'), \quad \text{(IX-13)}$$

e

$$a(t') = -\omega^2 z_{max} cos(\omega t'). \quad \text{(IX-14)}$$

O campo de radiação pode ser obtido usando a Equação (IX-3). Usando a mesma geometria da Figura IX-8, reproduzida na Figura IX-11, o módulo do campo elétrico de radiação em função do ângulo θ é dado por:

$$E_{rad}(t) = \frac{q sen(\theta) a(t')}{4\pi\varepsilon_0 r c^2}.$$

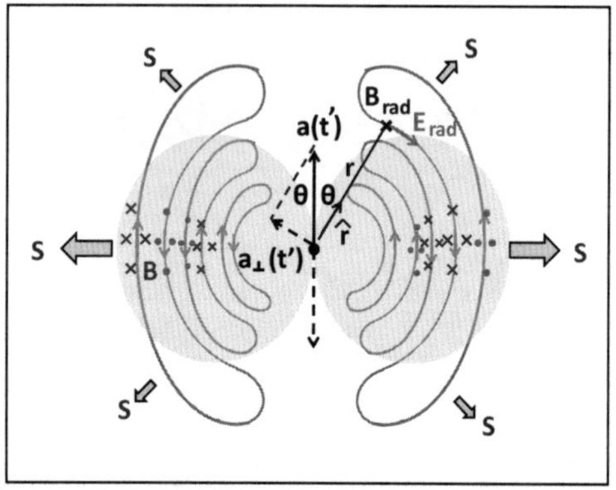

Figura IX-11 – Ilustração dos campos de radiação (campos distantes) de uma carga oscilante. Os campos próximos à carga têm conformação diferente e não estão representados.

Como $t' = t - r/c$, temos que $\omega t' = \omega t - kr$, já que $k = \omega / c$. Usando a Equação (IX-14), obtemos:

$$E_{rad}(t) = -\frac{q\omega^2 z_{max} sen(\theta)}{4\pi\varepsilon_0 r c^2} cos(kr - \omega t). \quad \text{(IX-15)}$$

Um observador afastado da fonte observa uma onda eletromagnética transversa propagando-se na direção radial e com a mesma frequência de oscilação da carga. As linhas de força do campo elétrico estão ilustradas de forma esquemática na Figura IX-11. O diagrama de radiação é o mesmo mostrado na Figura IX-9. Pode-se mostrar que a expressão (IX-15) é a mesma obtida para o campo de radiação de um dipolo elétrico, de momento de dipolo $p = q z_{max}$, oscilando harmonicamente. Por esta razão, o campo de uma carga oscilante, como calculado acima, também é denominado campo *radiação de dipolo.*

Usando o mesmo procedimento, podemos calcular a potência total irradiada pela carga em movimento harmônico, desta vez substituindo a Equação (IX-14) na Equação (IX-12), obtendo:

$$P(t) = \frac{Z_0 q^2 \omega^4 z_{max}^2}{6\pi c^2} cos^2\left(kr - \omega t\right).$$

O valor médio da potência irradiada, calculado em um período, é então dado por $(< cos^2\left(kr - \omega t\right) > = 1/2)$

$$\left\langle P(t) \right\rangle = \frac{Z_0 q^2 \omega^4 z_{max}^2}{12\pi c^2}. \qquad \text{(IX-16)}$$

Neste ponto devemos enfatizar a importância da Equação (IX-16) para a descrição e entendimento de como as ondas eletromagnéticas são geradas. A radiação de dipolo oscilante é uma das formas mais básicas, comuns e eficientes de produzir radiação eletromagnética. A dependência com ω^4 reflete a importância da aceleração, já que quanto maior a frequência, maior é a aceleração sofrida pela carga. Esta dependência indica também que ondas de altas frequências são mais eficientemente produzidas.

Outras propriedades podem ser qualitativamente identificadas. A dependência quadrática com z_{max} indica como a eficiência do "gerador" de ondas eletromagnéticas está relacionada com suas "dimensões". No caso de uma carga, a "dimensão" da fonte não é completamente arbitrária. De fato, a Equação (IX-13) indica que a velocidade máxima da carga é ωz_{max}. Esta velocidade deve ser menor que a velocidade da luz, isto é, $\omega z_{max} < c$, ou $z_{max} < c/\omega = \lambda/2\pi$. Como estamos supondo $v << c$, uma estimativa para limite superior do "tamanho" da fonte seria ~ $\lambda/10$, já que $2\pi \sim 6$. Dessa forma, quando a frequência aumenta, as dimensões da região onde a carga oscila devem diminuir.

Neste ponto devemos chamar a atenção para o fato de que os conceitos e expressões para a radiação de dipolo que estamos estudando não se aplicam a frequências muito altas ou dimensões muito pequenas. Agregados de moléculas, moléculas, átomos e núcleos são fontes de dimensões progressivamente menores e que também emitem frequências progressivamente maiores: infravermelho, visível, raios X e raios gama. A regra "das dimensões" é seguida, mas a dinâmica que rege as oscilações das cargas (elétrons e prótons) e os mecanismos de emissão de radiação eletromagnética para esses casos não é a mesma que utilizamos acima. Sua descrição deve ser feita de acordo com a Mecânica Quântica.

Embora a produção da radiação por átomos ou moléculas individuais não possa ser descrita pelo Eletromagnetismo Clássico, quando existe um grande número desses objetos emitindo simultaneamente a *propagação* da onda eletromagnética resultante produzida é descrita pelas equações de Maxwell. Isto vale para a luz produzida por um filamento de lâmpada incandescente, por um LASER ou por um diodo LED, cujos mecanismos de emissão são essencialmente regidos pela Mecânica Quântica.

CAPÍTULO X

Radiação produzida por correntes

CAMPO DE RADIAÇÃO PRODUZIDO POR UM FIO

Os resultados obtidos no capítulo anterior para uma carga podem ser estendidos facilmente para o caso de correntes variando no tempo em um fio condutor.

A Figura X-1 ilustra um elemento do fio de comprimento Δl e seção reta ΔA, percorrido por uma corrente $i = J\Delta A$, onde a densidade de corrente $\vec{\boldsymbol{J}} = \rho\vec{\boldsymbol{v}}$ (Equação (I-22)). A carga interna ao elemento de volume $\Delta A\Delta l$ é $\Delta q = \rho\Delta A\Delta l$, de modo que $\Delta q\vec{\boldsymbol{v}} = \rho\vec{\boldsymbol{v}}\Delta A\Delta l = \vec{\boldsymbol{J}}\Delta A\Delta l$. Derivando em relação a t' obtemos:

$$\Delta q\vec{\boldsymbol{a}} = \frac{d\vec{\boldsymbol{J}}(t')}{dt'}\Delta A\Delta l. \tag{X-1}$$

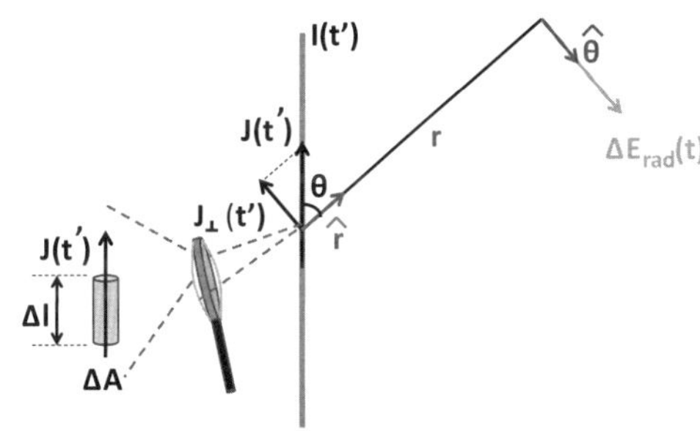

Figura X-1 – Geometria do campo elétrico de radiação produzido por um comprimento elementar de um fio condutor percorrido por uma corrente. A figura está fora de escala: r >> dimensões lineares do fio.

Usando a Equação (IX-3) e as projeções mostradas na Figura X-1, obtemos para um elemento Δl do fio:

$$\Delta\vec{\boldsymbol{E}}_{rad}(t) = -\frac{1}{4\pi\varepsilon_0 rc^2}\frac{d\vec{\boldsymbol{J}}_{\perp}(t')}{dt'}\Delta A\Delta l \tag{X-2}$$

ou

$$\Delta\vec{\boldsymbol{E}}_{rad}(t)=\frac{1}{4\pi\varepsilon_0 rc^2}\frac{di(t')}{dt'}sen(\theta)\Delta l\,\hat{\boldsymbol{\theta}}. \tag{X-3}$$

A corrente *i(t')* indicada na Equação (X-3) é a *aquela existente em um ponto do fio.* Ela pode variar de ponto a ponto e o campo elétrico total deve ser obtido pela integração da distribuição de corrente ao longo do fio. A Equação (X-3) explicita também que a corrente deve variar com o tempo para que exista um campo de radiação. Correntes contínuas não irradiam. A dependência angular do campo de radiação e o diagrama de radiação do elemento de fio são os mesmos do dipolo oscilante, como pode ser verificado pela comparação com a Equação (IX-15).

O campo magnético de radiação produzido por uma corrente elementar do fio é dado pela Equação (IX-6):

$$\Delta\vec{\boldsymbol{B}}_{rad}=\hat{\boldsymbol{r}}\times\frac{\Delta\vec{\boldsymbol{E}}_{rad}}{c}. \tag{X-4}$$

ANTENAS DE DIPOLO

Antenas fazem parte do nosso cotidiano sendo um elemento essencial em equipamentos de telecomunicações por voz e imagens. Antena é um dispositivo desenhado para irradiar ou receber eficientemente ondas eletromagnéticas em toda a faixa de radiofrequência (Figura IV-5). Ela pode ter formas e tamanhos variados, dependendo da frequência de operação. O projeto de uma antena pode ser bastante elaborado, já que tem que harmonizar uma alta eficiência de irradiação, máxima potência irradiada, dimensões compatíveis com o dispositivo em que ela está instalada, e casamento de impedâncias apropriado com o circuito que a alimenta ou amplifica o seu sinal (no caso de uma antena receptora).

A Figura X-2 ilustra como uma simples mudança na geometria de um par de condutores afeta consideravelmente sua eficiência de irradiação, transformando-o em uma antena.

A Figura X-2(a) mostra uma linha de transmissão constituída de dois fios paralelos em circuito aberto. Se o comprimento de onda é muito menor do que o comprimento da linha de transmissão, a corrente no par de fios tem um comportamento idêntico à do cabo coaxial esteja ele em curto (Figura VI-6) ou em circuito aberto: forma-se uma onda estacionária. No caso do circuito aberto, o nó da onda de corrente está localizado na terminação. O par de fios irradia (por isso o cabo coaxial é mais utilizado em altas frequências, já que os campos são nulos no seu exterior), mas é um mau irradiador. De fato, para pontos situados em planos perpendiculares à linha de transmissão, que são também perpendiculares à direção da corrente, o campo de radiação de cada um dos fios é máximo ($\theta = \pi/2$ na Equação (X-3)). Entretanto, como as correntes em cada um dos fios são opostas, o campo de radiação produzido pelo par é muito pequeno (considerando λ muito maior que a distância de separação entre os fios). Para pontos situados na direção da linha de transmissão ($\theta = 0$ na Equação (X-3)), os campos de radiação produzidos pelos fios são pequenos por estarem na direção da corrente (ou da aceleração das cargas).

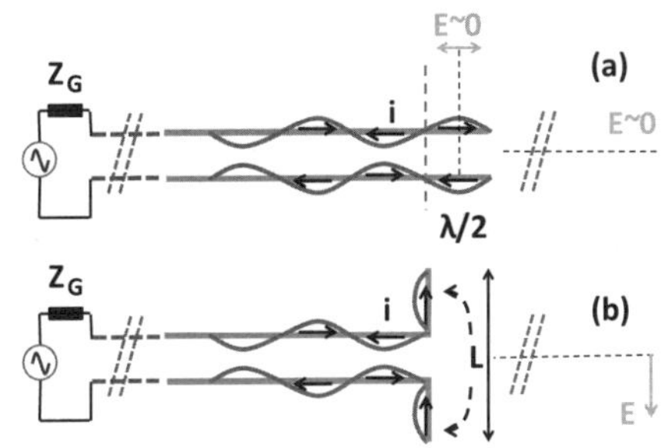

Figura X-2 – (a) Linha de transmissão em circuito aberto. (b) Transformada em uma antena de dipolo. A figura está fora de escala: λ é muito maior que a distância de separação entre os dois fios paralelos. As ondas estacionárias de corrente elétrica estão representadas em azul.

Se os fios forem dobrados de 90° na posição do primeiro nó a partir da terminação, conforme ilustra a Figura X-2(b), a situação muda drasticamente. Para pontos situados nos planos perpendiculares à direção da linha de transmissão, o campo de radiação continua sendo pequeno. Entretanto, para pontos situados na direção da linha de transmissão, ou mais genericamente, no plano perpendicular à terminação dobrada, o campo de radiação aumenta consideravelmente, já que as duas dobras dos fios contribuem aditivamente para o campo de radiação em pontos distantes. Estes pontos são perpendiculares a direção da corrente, ou da aceleração das cargas nas partes dobradas,

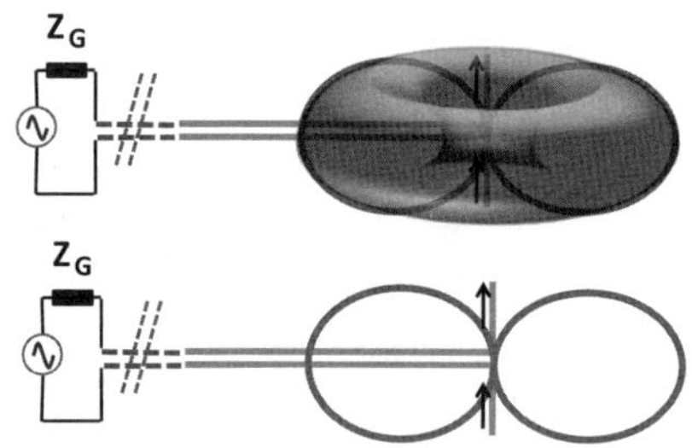

Figura X-3 – Diagrama de radiação de uma antena de dipolo. A seção transversal mostrada no painel inferior representa o diagrama de radiação.

condição para que o campo de radiação seja máximo ($\theta = \pi/2$ na Equação (X-3)). A antena assim construída é denominada *antena de dipolo*, ou *dipolo Hertziano alimentada pelo centro*. O diagrama de radiação está ilustrado na Figura X-3 e é similar ao do dipolo oscilante (Figura IX-9).

O caso analisado acima corresponde a $L = \lambda$. Se o comprimento da antena aumenta de modo que $L = 2\lambda$, as correntes *opostas* que aparecem em cada braço da antena – agora com comprimento λ – irão cancelar o campo de radiação distante e a antena passa a ser ineficiente. Se o comprimento da antena for $L = \lambda/2$, a antena é denominada *dipolo de meia onda*. Neste caso não há cancelamento dos campos no plano central perpendicular aos braços, mas a diminuição da corrente integrada reduz consideravelmente a potência total irradiada.

Este cenário aplica-se a comprimentos da antena com $L < \lambda$. Se $L << \lambda$ a antena é denominada dipolo curto. Neste caso a distribuição de corrente pode ser considerada como triangular, com um valor máximo I_0 na dobra e nulo na extremidade. Usando a Equação (X-3) e integrando no comprimento da antena obtemos (ver final deste capítulo para a dedução detalhada):

$$\vec{\boldsymbol{E}}_{rad}(t) = \frac{Z_o I_0}{4r}\left(\frac{L}{\lambda}\right) sen(\theta) cos(kr - \omega t)\hat{\boldsymbol{\theta}}, \tag{X-5}$$

que tem a forma idêntica à de um dipolo oscilante, dado pela Equação (IX-15). O diagrama de radiação para todos estes casos é similar ao ilustrado na Figura X-3.

As antenas de dipolo elétrico são também usadas como *antenas receptoras*. Neste caso, o campo elétrico da onda eletromagnética incidente atua, por meio da força de Lorentz, sobre as cargas livres dos braços condutores produzindo uma corrente e uma diferença de potencial no centro da antena. A distribuição de corrente na antena independe da fonte geradora, já que ela é determinada pela sua geometria, pelo comprimento de onda e pelas condições de contorno. Pode ser mostrado que o diagrama de radiação é o mesmo para uma antena usada como transmissora ou como receptora. Este resultado é denominado *teorema da reciprocidade.*

ANTENAS MONOPOLO

Uma variante da antena de dipolo muito comum de ser encontrada no cotidiano é a *antena monopolo.* Ela é usada como antena transmissora por estações de rádio ou como receptora em automóveis, telefones sem fio, ou aparelhos de rádio. Uma placa condutora, que pode ser a carroceria metálica do automóvel, uma pequena placa em um receptor de rádio, ou mesmo o solo, produz uma imagem elétrica da antena, como ilustra a Figura X-4. Nesta figura, a corrente convencional de cargas positivas indicada para cima, gera uma corrente imagem de cargas negativas para baixo, que corresponde a uma corrente positiva para cima, como no caso da antena de dipolo. A potência total irradiada é metade da antena de dipolo correspondente.

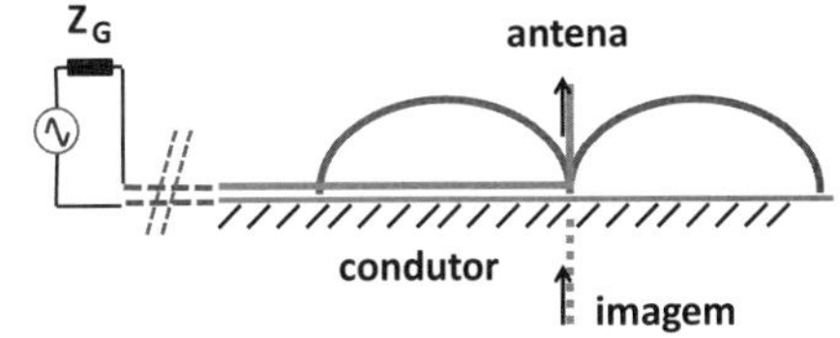

Figura X-4 – Antena monopolo. O condutor produz uma imagem elétrica da antena. O diagrama de radiação correspondente está em azul.

Para uma frequência típica de transmissão AM, 1 MHz, o comprimento de onda é 300 m. Para transmissão pode-se usar uma antena monopolo de meia onda, com comprimento do braço igual a $\lambda/4$ = 75 m. Este comprimento corresponde a torres bastante altas. Estas dimensões são, entretanto, inviáveis como antenas receptoras para uso móvel. Por esse motivo, o comprimento da antena é reduzido consideravelmente, diminuindo-se a eficiência de recepção em troca da praticidade. O dipolo curto é então utilizado.

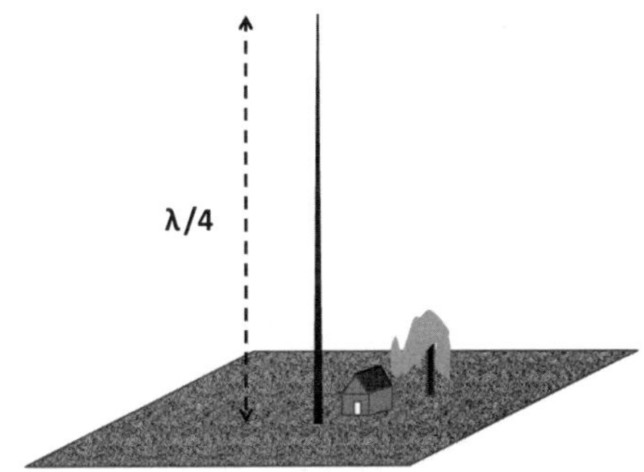

Figura X-5 – Antena de monopolo para radiodifusão.

TELESCÓPIOS DE RADIOFREQUÊNCIA

A atmosfera da Terra é razoavelmente transparente para radiação eletromagnética na faixa que vai de 30 MHz (λ = 10 m) a 30 GHz (λ = 1 cm). A detecção desta radiação na superfície permite inferir propriedades de inúmeros corpos emissores, em complemento à radiação emitida em outros comprimentos de onda, como a luz visível. Esta

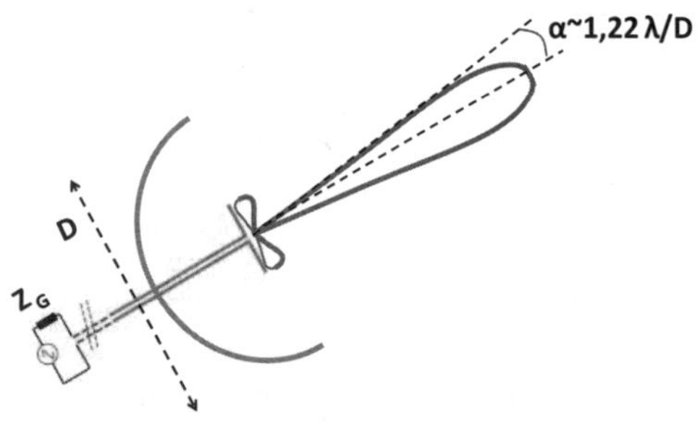

Figura X-6 – Antena de dipolo acoplada a um refletor parabólico. Ao contrário do diagrama de radiação da antena de dipolo, mostrado na Figura X-3, o diagrama de radiação resultante, mostrado em azul, é altamente direcional.

área de pesquisa é denominada radioastronomia e o instrumento básico utilizado é o radiotelescópio.

O principal objetivo do radiotelescópio é detectar a intensidade da radiação em função da direção de chegada e da frequência. Por isso a antena receptora deve ser bastante direcional, o que não é o caso da antena de dipolo.

Uma forma simples, comum e eficiente de se obter um conjunto transmissor ou receptor com maior direcionalidade consiste em acoplar a antena a um refletor (condutor) parabólico. A Figura X-6 ilustra a ideia para o caso de uma antena de dipolo. O campo de radiação emitido na direção do espelho pela antena de dipolo é refletido por ele e direcionado para a "frente" do conjunto. Este campo refletido soma-se ao campo emitido "para frente" pela antena. O diagrama de radiação resultante modifica-se drasticamente com relação ao de uma antena de dipolo, e toda a energia irradiada passa a concentrar-se em um cone estreito de abertura angular 2α, como mostrado na Figura X-6. Se o diâmetro do refletor é tal que $\lambda \ll D$, a abertura angular do cone de radiação pode ser calculada, fornecendo $\alpha \sim 1{,}22\ \lambda/D$. Pelo teorema da reciprocidade, mencionado anteriormente, a recepção resultante deste arranjo é também altamente direcional.

A condição $\lambda \ll D$ equivale à aproximação da óptica geométrica para a reflexão no refletor. O conjunto utilizado para a recepção de sinais pode então ser alternativamente visualizado com auxílio da Figura X-7(a). Na aproximação da óptica geométrica, os "raios" correspondem às linhas de força do vetor de Poynting. Se a antena for localizada no foco do paraboloide, os raios convergem para a região da antena aumentando a amplitude do campo elétrico nesta região. Está claro pela figura que todo o conjunto deve ser movimentado e direcionado para a região específica do espaço a ser investigada.

Existe na prática uma grande diversidade de tipos de antenas, com formatos e dimensões variadas, que são utilizadas em conjuntos com refletores. A banda de frequência de utilização é determinante para o projeto da antena utilizada no conjunto.

A Figura X-7(b) ilustra o conjunto antena-refletor para a faixa de micro-ondas, onde a antena é do tipo corneta, acoplada a um guia de onda e a um cabo coaxial. A forma e angulação da corneta são projetadas para casar a impedância característica do guia de onda com a do ar, e melhorar as condições de foco no espelho. Além da radioastronomia, este tipo de conjunto pode ser visto corriqueiramente em residências para a recepção de sinal de TV via satélite, que também opera na faixa de micro-ondas, como também por radares (RADAR: *Radio Direction And Ranging*) em aeroportos para controle de tráfego aéreo.

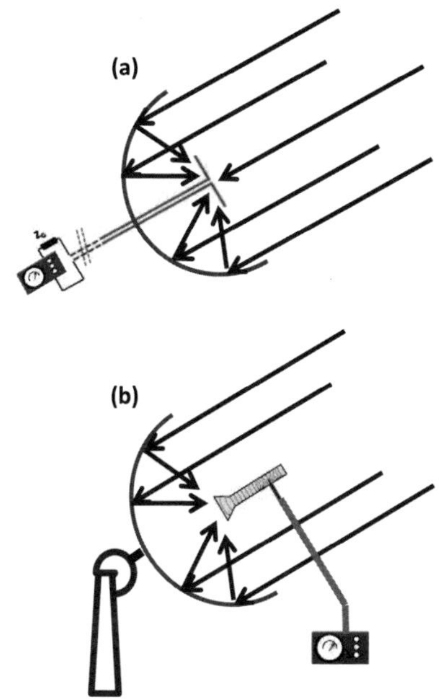

Figura X-7 – Conjunto antena-refletor ilustrando o caminho dos raios na aproximação da óptica geométrica. (a) Antena de dipolo. (b) Antena corneta para a faixa de micro-ondas.

COMPLEMENTO: MODULAÇÃO AM E FM

A frequência máxima do som audível é da ordem de 20 kHz. De acordo com as seções anteriores, a transmissão de uma música por ondas eletromagnéticas exigiria uma antena de dipolo com 15 km de comprimento, claramente impraticável.

Esta ineficiência apresentada pelas antenas de dipolo para a geração de ondas eletromagnéticas de muito baixa frequência foi contornada com a técnica de modulação, que começou a ser amplamente utilizada na radiodifusão for volta de 1920.

A técnica de modulação mais básica utilizada é a AM (*Amplitude Modulation*). Ela consiste em multiplicar o sinal de voz, que podemos designar por $f(t)$, por um sinal harmônico de frequência bem maior do que a frequência de voz, aumentando consideravelmente a eficiência da antena de dipolo. O esquema básico adotado por um transmissor-receptor AM está ilustrado na Figura X-8, (a) – transmissor – e (b) – receptor. O sinal de voz $f(t)$ do microfone é amplificado e multiplicado por um sinal de sintonia na frequência de transmissão ω gerado por um oscilador, na faixa de MHz. O sinal resultante, $A_1 f(t)\cos(\omega t)$, é novamente amplificado e alimenta a antena. O sinal emitido pela antena transmissora é captado pela antena receptora atenuado. Ele é amplificado e multiplicado por $\cos(\omega t)$ na mesma frequência de transmissão. Notando que $\cos^2(\omega t) = \left(1+\cos(2\omega t)\right)/2$, o sinal na saída do modulador corresponde então à soma de uma componente DC e de uma componente de alta frequência, que pode ser eliminada por um filtro passa-baixa. O sinal resultante, proporcional ao sinal de voz original, é então amplificado e alimenta o auto-falante.

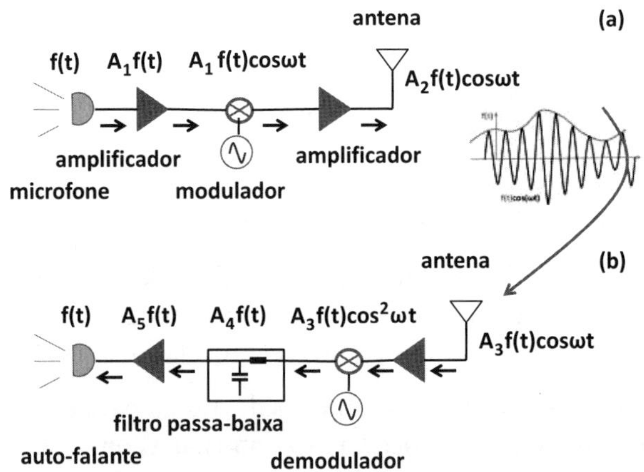

Figura X-8 – Ilustração esquemática de um conjunto transmissor-receptor AM.

As transmissões de radiodifusão AM foram substituídas pela modulação FM (*Frequency Modulation*) por serem estas últimas menos sensíveis a perturbações atmosféricas. Na modulação FM, a frequência de sintonia, ω_0, é modulada pelo sinal original, resultando em uma frequência de transmissão $\omega = \omega_0 + kf(t)$. O sinal transmitido é da forma $A\cos\left[\left(\omega_0 + kf(t)t\right)\right]$. Como a informação está na frequência, perturbações atmosféricas que afetem a amplitude não prejudicam a qualidade da informação recebida. A frequência de transmissão FM é na faixa de 100 MHz, permitindo o uso de antenas menores do que as utilizadas na transmissão AM.

COMPLEMENTO: CÁLCULO DO DIPOLO CURTO

Em uma antena de dipolo, a onda de corrente estacionária tem um nó (é nula) nas extremidades da antena. Se o comprimento da antena é muito menor que o comprimento de onda, a distribuição de corrente entre o centro da antena e suas extremidades pode ser considerada linear, apresentando uma forma triangular como ilustrado na Figura X-9.

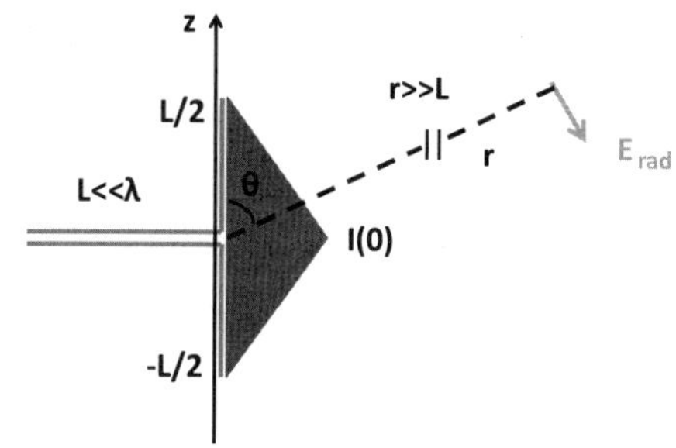

Figura X-9 – Dipolo curto. A distribuição de corrente triangular tem o valor I(0) no centro da antena e é nula nas extremidades.

De acordo com a Equação (X-3), e usando a notação da Figura X-9, o módulo do campo de radiação produzido pela antena é dado por:

$$\left|\vec{E}_{rad}\right| = \frac{1}{4\pi\varepsilon_0 rc^2}\frac{d}{dt'}\int_{-L/2}^{+L/2} i(z)sen(\theta)dz.$$

Integrando a distribuição triangular (área do triângulo na Figura X-9) obtemos:

$$\left|\vec{E}_{rad}\right| = \frac{sen(\theta)}{4\pi\varepsilon_0 rc^2}\frac{d}{dt'}\left(\frac{LI(0)}{2}\right) = \frac{Lsen(\theta)}{8\pi\varepsilon_0 rc^2}\frac{d}{dt'}I(0). \qquad \text{(X-6)}$$

Se a antena está alimentada por uma fonte senoidal temos:

$$I(0) = I_0\, sen(\omega t'),$$

e

$$\frac{dI(0)}{dt'} = \omega I_0 cos(\omega t') = \omega I_0 cos(kr - \omega t) \qquad \text{(X-7)}$$

onde usamos o tempo retardado (Equação (IX-4)), $t' = t - r/c$. Substituindo (X-7) em (X-6), obtemos:

$$\left|\vec{\boldsymbol{E}}_{rad}\right| = \frac{\omega L sen(\theta)}{8\pi\varepsilon_0 r c^2} cos(kr - \omega t). \tag{X-8}$$

Usando a definição da impedância característica do vácuo (Equação(III-19)) e rearranjando a Equação (X-8), obtemos a Equação (X-5).

A potência média total irradiada pelo dipolo curto pode ser obtida integrando-se o vetor de Poynting associado ao campo de radiação dado pela Equação (X-8) em uma superfície esférica, de forma idêntica a como foram obtidas as Equações (IX-12) e (IX-16):

$$\langle P \rangle = \frac{\pi Z_0}{12}\left(\frac{L}{\lambda}\right)^2 I_0^2. \tag{X-9}$$

PARTE V
SUPERPOSIÇÃO

CAPÍTULO XI

Superposição, reflexão e refração

O princípio da superposição é um dos conceitos que primeiro recebem um destaque especial quando se estuda eletromagnetismo. Ele estabelece que o vetor campo elétrico ou campo magnético, estático ou dependente do tempo, produzido por um conjunto de fontes em um ponto, é igual à soma vetorial dos campos elétricos ou magnéticos produzidos naquele ponto por cada uma das fontes individualmente e independentemente. A superposição é extensivamente utilizada na determinação de campos produzidos por distribuições de cargas e correntes, tendo sido aplicada em vários tópicos abordados nos capítulos anteriores. Iremos agora utilizá-la para o caso dos campos de radiação. Fenômenos comuns e associados a sistemas em que são observados, os campos eletromagnéticos resultantes da combinação de ondas produzidas por várias fontes, tais como *interferência*, *difração* ou *polarização*, são manifestações do princípio da superposição.

Condutores e dielétricos foram considerados até o momento como elementos passivos. Entretanto, quando uma onda eletromagnética incide nestes materiais, os elétrons, estejam eles livres como nos condutores, ou ligados a átomos ou moléculas como nos dielétricos, sofrem um movimento oscilatório impulsionados pelo campo elétrico da onda incidente e, acelerados, irradiam, produzindo um campo em todo o espaço de acordo com as propriedades estudadas no Capítulo IX. Nestas condições, o campo elétrico resultante, tanto no interior quanto no exterior do material, será dado pela superposição do campo incidente com o campo de radiação produzido por uma infinidade de fontes. Os detalhes quantitativos de como um material reirradia, e como se processa a superposição dessas inúmeras fontes de irradiação microscópicas com a onda incidente, mesmo dentro dos limites do eletromagnetismo clássico, são tópicos avançados que não cabem neste texto introdutório. Entretanto, a discussão feita no Capítulo IX, sobre a radiação de cargas aceleradas, nos fornece uma base conceitual suficiente para que uma discussão qualitativa deste assunto possa ser feita. Esta visão, que passa a considerar estes materiais como elementos ativos, adiciona-se à abordagem feita anteriormente baseada nas condições de contorno, e fornece uma perspectiva complementar para se entender a interação de ondas eletromagnéticas com a matéria.

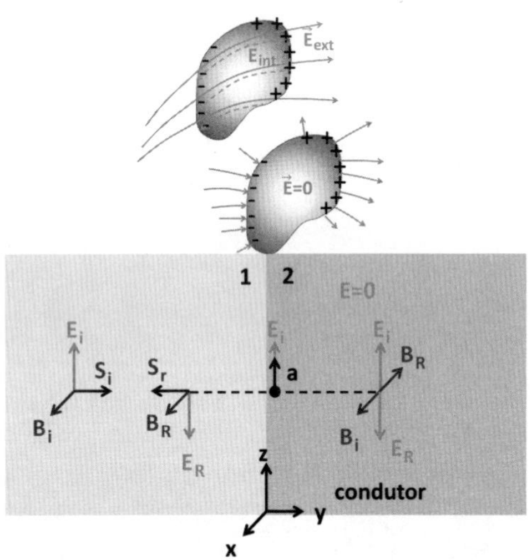

Figura XI-1 – Onda plana em incidência normal sobre um condutor, ilustrando o campo elétrico nulo em seu interior como superposição do campo elétrico da onda incidente (E_i) com o campo elétrico de radiação (E_R). O detalhe acima da figura ilustra o mesmo conceito no caso eletrostático.

INCIDÊNCIA NORMAL EM UM CONDUTOR – SUPERPOSIÇÃO

Vamos considerar um caso que já estudamos anteriormente: o de uma onda eletromagnética plana incidindo na superfície de um condutor, conforme ilustrado na Figura XI-1. Para estabelecer uma analogia, nesta figura está também incluída uma ilustração do caso eletrostático, em que um condutor está imerso em um campo elétrico externo. O campo elétrico *nulo* no interior de condutor pode ser visto como a superposição do campo elétrico externo com o campo elétrico produzido por um grande número de cargas que foram redistribuídas na superfície do condutor pela ação do campo externo.

Os elétrons em um condutor são suficientemente livres de modo que, quando ele é irradiado, a aceleração por eles sofrida está em fase com o campo elétrico incidente. Na Figura XI-1 esta situação está ilustrada para uma carga convencional positiva. O campo elétrico *resultante* da soma do campo de radiação produzido por *todos* os elétrons (esta é uma soma tridimensional) tem a mesma amplitude e está 180° fora de fase com o campo incidente, tanto para pontos externos ao condutor quanto para pontos internos a ele. Para pontos internos, o campo elétrico incidente e o campo elétrico de radiação propagam-se no mesmo sentido e se anulam. *Ocorre uma interferência destrutiva entre eles.* Na prática, este mecanismo é concentrado na interface já que, para altas frequências, o efeito pelicular atenua fortemente o campo incidente a pequenas distâncias da superfície (Figura III-14). Para os pontos externos, o campo incidente e o campo de radiação propagam-se em sentidos opostos e forma-se uma onda estacionária, como foi visto no estudo do cabo coaxial em curto. Por este ponto de vista, a *onda refletida é devida unicamente à radiação produzida* pelos elétrons do condutor. Veremos a seguir que esta conclusão também é válida para materiais dielétricos.

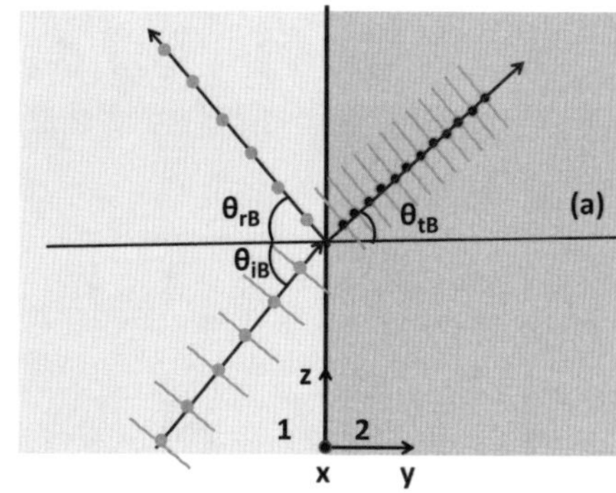

O ÂNGULO DE BREWSTER REVISITADO

No Capítulo VIII, estudamos as propriedades das ondas refletidas e refratadas impondo as condições de contorno na interface entre dois dielétricos. Quando uma radiação não polarizada incide obliquamente na interface, verificamos que para um determinado ângulo de incidência (ângulo de Brewster), a onda refletida é linearmente polarizada na direção perpendicular ao plano de incidência. A Figura XI-2(a) reproduz a Figura VIII-4 e ilustra a geometria dos raios.

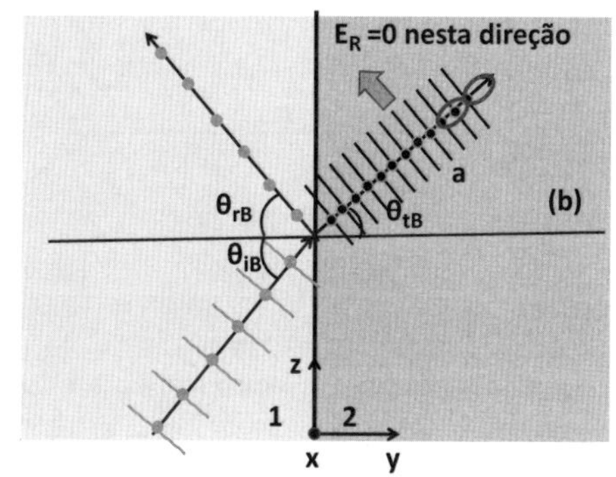

Figura XI-2 – Ângulo de Brewster. (a) Decomposição dos campos em duas componentes, paralela e perpendicular ao plano do papel. (b) Diagrama de radiação associado à componente paralela ao plano do papel. Não há irradiação na direção da onda refletida.

A onda refratada, ao se propagar no interior do dielétrico, induz um movimento oscilatório nos elétrons ligados a átomos ou moléculas do material. As direções das acelerações induzidas estão representadas na Figura XI-2(b). Os elétrons em movimento oscilatório, por sua vez, reirradiam em todas as direções segundo a Equação (IX-15), cujo diagrama de radiação está esquematizado na Figura XI-2(b) para as oscilações e polarização no plano de incidência. O diagrama de radiação ilustrado relembra que não há irradiação na direção da aceleração, cuja direção é a mesma da onda refletida quando esta faz um ângulo de 90° com a onda refratada. A polarização da onda refletida é mais uma confirmação de que a *onda refletida é integralmente devida à reirradiação induzida no dielétrico pelo campo refratado.*

A indução de uma oscilação em objetos (átomos, moléculas ou particulatos), com dimensões menores do que ~ $\lambda/10$, e sua posterior reirradiação, é denominada *espalhamento de Rayleigh*. Trata-se de um espalhamento elástico da radiação que, em objetos microscópicos, deve ser descrito pela Mecânica Quântica. O modelo apresentado acima, apesar de ser simples e clássico, enfatiza os elementos essenciais do processo de redistribuição de energia por radiação de dipolo, e que é qualitativamente reproduzido pelo tratamento quântico do espalhamento.

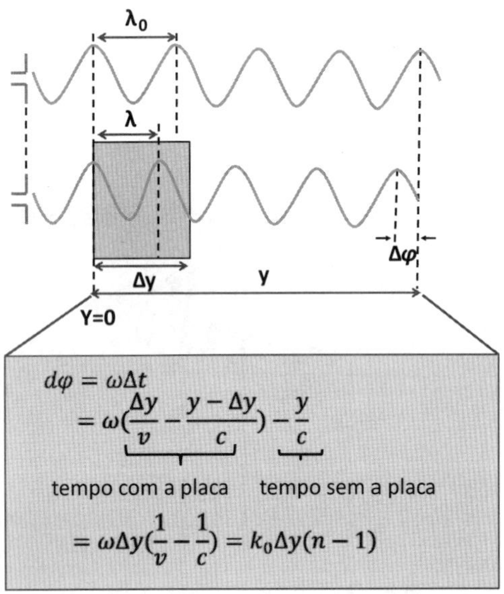

Figura XI-3 – Diferença de fase decorrente da diferença no tempo de observação dos máximos correspondentes quando se insere um dielétrico no percurso da onda eletromagnética entre o emissor e o receptor.

VELOCIDADE DE PROPAGAÇÃO E DIFERENÇAS DE FASE

O meio onde ocorre a superposição da onda incidente com as ondas reirradiadas pelos inúmeros dipolos do material, dando origem à onda refratada, é o vácuo. Como ocorre então a diminuição da velocidade de propagação no meio, fenômeno que dá origem à refração na interface? A resposta está na diferença de fase entre a onda incidente e a onda resultante da emissão dos dipolos no material.

A Figura XI-3 ilustra como a diferença das velocidades de propagação no vácuo e em um dielétrico está relacionada com a diferença de fase. Considere duas antenas conectadas a um mesmo gerador e que emitem ondas eletromagnéticas em fase. Uma delas propaga-se livremente até um ponto situado a uma distância "y" de uma origem arbitrária, enquanto a outra atravessa um dielétrico de espessura Δy, com incidência normal à superfície. A diferença de fase ($\omega\Delta t$) pode ser calculada pela diferença dos tempos de percurso devido à diferença das velocidades de propagação no vácuo e no meio, explicitada pelo índice de refração, n. O cálculo está indicado na Figura XI-3. Esta diferença de fase faz com que o máximo da onda que atravessa o dielétrico chegue ao ponto de observação *atrasado* do máximo correspondente à onda que se propaga sempre no vácuo, indicando uma velocidade de propagação menor.

As amplitudes dos campos elétricos associadas à onda que não atravessa e a que atravessa o dielétrico podem então ser expressas respectivamente como:

$$E = E_i cos\left(k_0 y - \omega t\right),$$

$$E = E_i cos\left(k_0 y - \omega t + \Delta\varphi\right).$$

Note que, em ambas as equações, utilizamos k_0, o número de onda para o *vácuo*.

Lembrando que $cos\left(A+B\right) = cos\left(A\right)cos\left(B\right) - sen\left(A\right)sen\left(B\right)$, temos para o segundo caso:

$$E = E_i cos\left(\Delta\varphi\right)cos\left(k_0 y - \omega t\right) - E_i sen\left(\Delta\varphi\right)sen\left(k_0 y - \omega t\right).$$

Usando o resultado indicado na Figura XI-3 e considerando $k_0 \Delta y << 1$ (isto é, $\Delta\varphi << 1$), podemos aproximar $cos\left(\Delta\varphi\right) \sim 1$ e $sen\left(\Delta\varphi\right) \sim \Delta\varphi = k_0 \Delta y\left(n-1\right)$, obtendo:

$$E = E_i cos\left(k_0 y - \omega t\right) - E_i k_0 \Delta y\left(n-1\right) sen\left(k_0 y - \omega t\right). \tag{XI-1}$$

A Equação (XI-1) indica que a onda que se propaga no interior do dielétrico com velocidade $v = c/n$, menor do que a velocidade da luz no vácuo, pode ser considerada como sendo o resultado da superposição da onda incidente propagando-se no vácuo, com uma onda, também se propagando no vácuo, de menor amplitude, mas *defasada de 90° em relação à onda incidente*. Este último termo deve ser atribuído ao campo de radiação dos dipolos oscilantes no material. Entretanto, pela Equação (IX-15), o campo de radiação de *um* dipolo está 180° fora de fase com o campo indutor. A defasagem de 90° também é devida à superposição, como será mostrado a seguir.

TRANSMISSÃO E REFLEXÃO EM DIELÉTRICOS

SUPERPOSIÇÃO, VELOCIDADE DE PROPAGAÇÃO E DIFERENÇAS DE FASE

A Equação, (XI-1) decorre de um simples rearranjo algébrico da onda que atravessa o dielétrico, obtido partindo do pressuposto de que a velocidade de propagação no meio é $v = c/n$. A interpretação de que sua origem são os dipolos oscilantes do meio requer uma discussão adicional.

A Figura XI-4 ilustra um conjunto de dipolos em uma placa dielétrica bidimensional. Para cada um dos dipolos, o campo de radiação é dado pela Equação (IX-15). O cálculo do campo de radiação resultante produzido pela placa em um ponto pode ser feito somando-se (superposição) os campos produzidos por todos os dipolos, considerando as diferentes distâncias dos dipolos ao ponto (que vão dar origem a diferentes fases), como também as projeções do campo de radiação na direção paralela ao plano. Este cálculo é longo e foge aos objetivos deste texto. O resultado desta soma fornece *exatamente* o segundo termo que aparece na Equação (XI-1), *assumindo-se o meio como o vácuo.* Deve-se observar que o índice de refração que aparece neste cálculo não está diretamente relacionado com a velocidade de propagação, mas com a capacidade de polarização do meio sob a ação do campo incidente; ou em outras palavras, à intensidade com que cada um dos dipolos irradia. Para entender este duplo papel do índice de refração, lembre-se que ele está relacionado com a permissividade ε e que esta está associada tanto à polarização do meio quanto à velocidade de propagação.

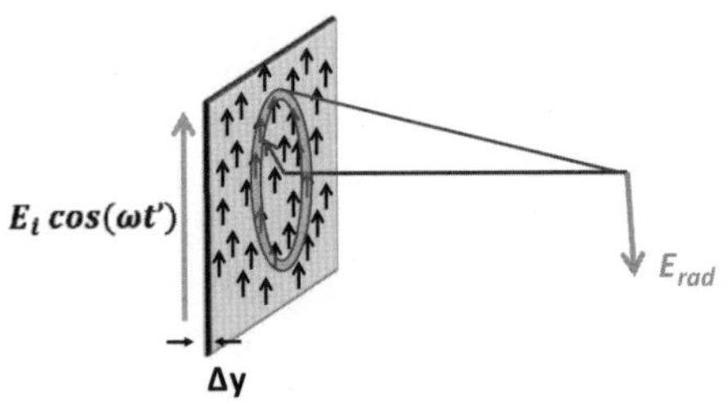

$$E_{rad} = -k\Delta y(n-1)E_i sen(k_0 y - \omega t)$$

Figura XI-4 – Campo elétrico de radiação emitido pela oscilação de um conjunto contínuo de dipolos oscilantes em uma placa dielétrica bidimensional.

Em suma, a radiação produzida pelo meio tem um retardo devido aos diferentes percursos a serem percorridos do dipolo emissor a um ponto no interior do dielétrico para efetuar sua composição com a onda incidente. Como resultado, a onda plana resultante sofre um atraso com relação à onda plana incidente, o que corresponde a uma velocidade de propagação menor do que a radiação no vácuo.

SUPERPOSIÇÃO, TRANSMISSÃO E REFLEXÃO

A análise acima considerou a contribuição dos dipolos em um único plano transverso à direção de propagação com espessura $\Delta y \ll \lambda$. A transmissão em um meio dielétrico mais espesso deve considerar também a contribuição dos vários planos que compõem o meio.

A Figura XI-5 ilustra a situação para um dielétrico semi-infinito com dimensões laterais muito maiores do que o comprimento de onda. A onda incide normalmente na interface, situada em $y = 0$, e é linearmente polarizada, isto é, o campo elétrico incidente oscila em uma direção bem definida. Apesar de cada um dos dipolos irradiar isotropicamente no plano perpendicular à direção de oscilação, existe uma orquestração dos campos de radiação por eles produzidos que resulta *em uma forte intensidade na direção de propagação e uma intensidade apenas residual escapando na direção transversa*. Esta conclusão não é muito evidente considerando as propriedades de irradiação dos dipolos, mas é familiar no estudo da óptica geométrica. De fato, ele está por trás do conceito de "raios". Raios são linhas de propagação ou linhas de força do vetor de Poynting, que descrevem a propagação em dielétricos em *uma direção bem definida*, como no exemplo da dispersão cromática vista no Capítulo VIII (Figura VIII-2).

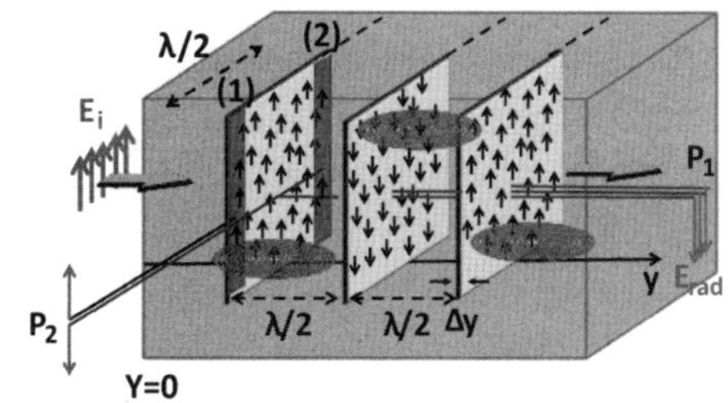

Figura XI-5 – Composição do campo de radiação produzido pelos dipolos oscilantes induzidos pela onda incidente em um dielétrico. A interferencia construtiva produzida pelo contínuo de placas que subdividem o meio que ocorre na direção de propagação, não ocorre na direção transversa.

Vamos investigar, mais uma vez de forma qualitativa, a origem deste resultado. A análise formal pode ser encontrada na referência [6]. Para isso, podemos utilizar o resultado descrito na seção anterior e dividir o meio em um número infinito de placas. A superposição dos campos elétricos irradiados por todas elas em um ponto do espaço irá fornecer o campo elétrico de radiação resultante naquele ponto.

É sempre possível descrever o meio através dacomposição de inúmeros pares de placas, separadas por $\lambda/2$, conforme ilustra a Figura XI-5. As oscilações dos elétrons nas placas separadas por $\lambda/2$ estão 180° fora de fase. Por sua vez, para a determinação do campo elétrico em um ponto arbitrário P_1, devemos considerar uma diferença de fase adicional relativa ao percurso da radiação entre as placas. Como a distância entre as placas é $\lambda/2$, esta diferença de fase é $k\left(\lambda/2\right)=\left(2\pi/\lambda\right)\left(\lambda/2\right)=\pi$. Assim, a diferença de fase total é 2π, ou seja, ocorre uma interferência construtiva entre os campos produzidos por todos os pares de placas separadas de $\lambda/2$. A interferência construtiva na direção de propagação é a responsável pela alta concentração da intensidade de radiação nesta direção.

Note que, para cada placa, existe uma fase relativa à distância da placa ao ponto de observação. Quando todo o volume do meio é considerado, o efeito da composição destas fases na superposição é adicionar uma fase de $\pi/2$ à função seno que aparece na Equação (XI-1). O resultado final da soma do campo de radiação produzido por todo o dielétrico com o campo incidente é a onda transmitida dada pela Equação (VI-11):

$$E_t=\left(\frac{2n_1}{n_1+n_2}\right)E_i cos\left(k_2 y-\omega t\right), \tag{XI-2}$$

onde $k_2=n_2k_0$. Da mesma forma, somando-se os campos de radiação de *todas* as placas produzidos em um ponto da área iluminada fora do dielétrico, obtém-se o campo refletido dado pela Equação (VI-8):

$$E_r=-\left(\frac{n_2-n_1}{n_2+n_1}\right)E_i cos\left(k_1 y+\omega t\right). \tag{XI-3}$$

Mais uma vez verificamos que o campo refletido é integralmente devido ao campo de radiação produzido por todo o dielétrico. É somente aparente que a reflexão envolva apenas a superfície.

Pela Equação (VI-2), a impedância característica do meio é dada por $Z=Z_0/n$. Para um condutor $Z\to 0$ e $n\to\infty$. Fazendo $n_2\to\infty$ nas Equações (XI-2) e (XI-3), obtemos $E_t \to 0$ e $E_r \to -E_i$, resultado obtido anteriormente para os condutores utilizando as condições de contorno na interface.

SUPERPOSIÇÃO: ESCAPE LATERAL

Vejamos agora o campo de radiação no ponto P_2, situado no exterior do dielétrico, mas em uma direção transversal à de propagação. A placa que está no mesmo plano transverso que contém P_2 tem todos os dipolos oscilando *em fase*. Se tomarmos duas faixas, indicadas por (1) e (2) na Figura XI-5, e separadas por $\lambda/2$, a diferença de fase será π, devido à diferença de percurso da radiação entre as faixas. A interferência será então destrutiva.

O cálculo da contribuição de todos os dipolos do dielétrico para o campo de radiação no ponto P_2 não é simples. Entretanto, pela análise acima, fica evidente que a superposição que ocorre no ponto P_2 *é diferente* daquela que ocorre no ponto P_1. A oscilação espacial das fases dos dipolos ao longo da direção de propagação não ocorre na direção transversa, onde os dipolos estão todos em fase. A oscilação espacial dos dipolos na direção de propagação compensa as diferenças de fase devido às diferenças de percurso do ponto de emissão ao ponto de observação (P_1). Esta compensação não ocorre para o ponto P_2.

Estes resultados se baseiam no pressuposto de que o meio é homogêneo. Pela Figura XI-5, se o número de emissores na faixa (1) for diferente do da faixa (2) os campos em P_2 não se cancelam. A diferença entre o número de emissores pode ser devida, por exemplo, a flutuações que ocorrem em gases ou em líquidos devido ao movimento aleatório ou à possibilidade de agregação e desagregação das moléculas. Nesses casos, a interferência destrutiva lateral não é perfeita e alguma radiação escapa transversalmente à direção de propagação. Quanto mais denso e homogêneo for o meio maior será a intensidade transmitida e menor será o escape (ou espalhamento) lateral. Um meio é denominado *oticamente denso* se o número de moléculas em um cubo com

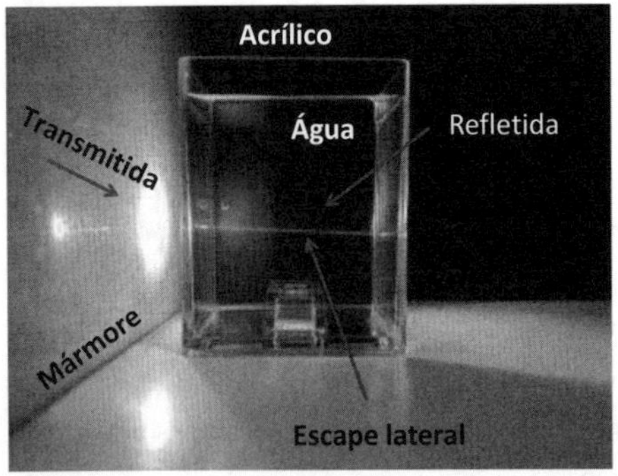

Figura XI-6 – Luz de caneta LASER verde (situada à direita e fora da figura) incidente em um recipiene de acrílico com água. O raio luminoso definido pelo escape lateral na água pode ser visto.

volume λ^3, N_λ, for maior do que ~10^3. Se N_λ ~ 1, ou menor, o meio é denominado *oticamente diluído*. Para a luz visível (e para a radiofrequência) sólidos, líquidos e mesmo a atmosfera são meios oticamente densos.

A Figura XI-6 mostra um experimento simples para ilustrar estes conceitos. A luz de uma caneta LASER verde incide em um recipiente de acrílico contendo água. A "trajetória" da luz na água (raio luminoso) pode ser vista devido ao escape lateral. Fica evidente que a intensidade da luz que escapa lateralmente é muito menor do que a transmitida, e que atinge a parede de mármore. Note ainda que no ar, antes de penetrar no recipiente, o raio luminoso não é visível. O mesmo efeito de escape lateral ocorre, mas a densidade de moléculas do ar é bem menor do que a da água. O número de dipolos irradiando é, portanto, bem menor, e a intensidade de escape é muito pequena para ser observada a olho nu. A intensidade da luz refletida na interface água-acrílico é também muito pequena, da ordem de 0,3% da intensidade incidente, e quase imperceptível na figura. O coeficiente de reflexão pode ser calculado usando a Equação (VI-12) e os índices de refração da água (1,33) e do acrílico (1,49).

O AZUL DO CÉU

Em gases, as flutuações no número das fontes emissoras (moléculas ou agregados), são maiores do que nos líquidos, amplificando o efeito do escape lateral e tornando-o mais intenso. O azul do céu é um exemplo.

Como foi mencionado anteriormente, quando um objeto (átomos, moléculas ou agregados) tem dimensões muito menores que o comprimento de onda, o processo de reirradiação induzido por uma onda eletromagnética é denominado espalhamento de Rayleigh. A potência média irradiada devido às oscilações dos elétrons é dada pela Equação (IX-16), e depende da frequência da onda incidente como ω^4. Quanto maior é a frequência, maior é a potência reirradiada.

Na atmosfera, estes objetos são predominantemente moléculas de N_2 e O_2, muito menores do que o comprimento de onda da luz visível, e o espalhamento de Rayleigh pode ser considerado como o mecanismo responsável pela redistribuição espacial e cromática da interação da radiação solar com estas moléculas. A densidade de moléculas na atmosfera é da ordem de 3×10^{19} moléculas/cm^3. Para o azul, $\lambda = 5000\,\mathring{A} = 5\times10^{-5}$ cm, o que fornece $N_\lambda = 3{,}75\times10^6$. Portanto, a atmosfera é oticamente densa para a luz visível, a análise feita acima pode ser aplicada, e o escape lateral deve ser considerável devido às flutuações na densidade do gás.

A radiação solar é composta por um contínuo de frequências, decorrentes do espectro de corpo negro do Sol, que tem uma temperatura de cerca de 6.000°C na sua superfície. Este espectro inclui o infravermelho, o visível e o ultravioleta, em ordem decrescente de intensidade, o que dá à luz solar uma aparência de cor branca. Como a intensidade da radiação reirradiada é proporcional a ω^4, há uma predominância do azul neste processo e, consequentemente, também para a intensidade de escape. Como no exemplo anterior da Figura XI-6, a intensidade transmitida é muito maior do que a intensidade de escape. A interferência construtiva que compõe a onda transmitida ocorre para todas as frequências e a luz branca original é transmitida como tal, já que o índice de refração é pouco dependente da frequência.

A Figura XI-7 ilustra o processo descrito acima. Note que podemos sempre decompor o campo elétrico da radiação solar em duas componentes ortogonais. A componente oscilando na linha de visada, indicada em preto, não irradia nesta direção. Como consequência, a cor azul do céu é polarizada (componente oscilando em azul), fato bastante conhecido dos adeptos da fotografia.

Os argumentos acima levariam à conclusão de que o céu deveria ser violeta, e não azul. Ocorre que a intensidade do azul na radiação solar é maior do que a do violeta, a absorção do azul é menor do que a do violeta em seu percurso do ponto de emissão ao olho do observador, e nossos olhos têm maior sensibilidade para o azul do que para o violeta. Por este conjunto de fatores, pela dependência com ω^4 do espalhamento Rayleigh, e pelas flutuações na densidade das moléculas, vemos o céu azul.

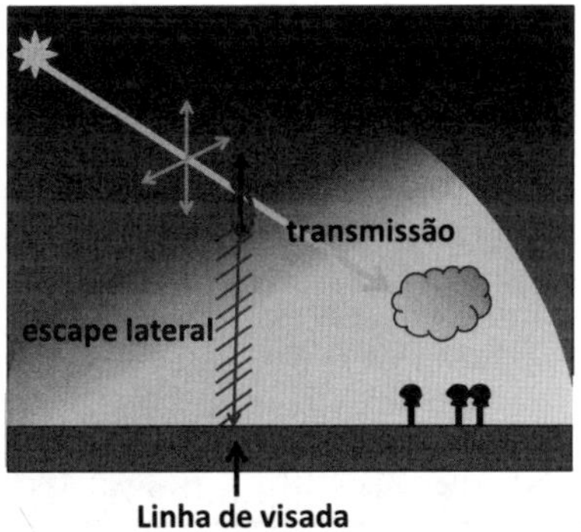

Figura XI-7 – Escape da radiação solar ao atravessar a atmosfera, produzindo o azul do céu. A geometria dos dipolos oscilantes resulta em uma onda linearmente polarizada.

O BRANCO DAS NUVENS E RADARES DE AEROPORTO

Nuvens são constituídas de gotículas de água com diâmetro médio de 10 μm. Este diâmetro é cerca de 20 vezes maior do que o comprimento de onda da luz no visível e muito menor do que o comprimento de onda na faixa do micro-ondas. Dessa forma as expressões para o espalhamento de Rayleigh aplicam-se para a faixa de micro-ondas, mas não para a luz visível. Para a luz, a gotícula aproxima-se mais a um corpo extenso do que a um oscilador. Por sua vez, a densidade de gotículas nas nuvens é da ordem de 350 gotículas/cm^3, que fornece uma densidade óptica $N_\lambda \sim 4\times10^{-11}$ para a luz visível e $N_\lambda \sim 10^6$ para a frequência de 10 GHz. Ou seja, as nuvens constituem um meio oticamente diluído para a luz visível e oticamente denso para a faixa de micro-ondas. A orquestração da irradiação pelas gotículas para produzir uma interferência construtiva formando a onda transmitida ocorre para faixa de micro-ondas. Para a luz, a irradiação das gotículas ocorre de forma independente umas das outras, com fases aleatórias entre elas. O espalhamento é difuso.

Estas características fazem com que as nuvens sejam essencialmente transparentes na faixa de micro-ondas, que são utilizadas em aeroportos para o monitoramento de aeroplanos, como ilustra a Figura XI-8. Para esta faixa de frequências, as nuvens apresentam uma forma razoavelmente definida, e a detecção da onda nelas refletida é utilizada em radares meteorológicos e em aeroplanos para evitar turbulências em voo.

Na região do visível, as gotículas podem ser aproximadas por pequenas esferas que refletem e refratam a luz dentro da aproximação da óptica geométrica, como ilustra a Figura XI-8. Assim, a luz branca do Sol é refratada como branca em várias direções de forma difusa. A absorção faz com que a intensidade da luz solar diminua ao penetrar em nuvens mais extensas e a difusão da luz na parte inferior fica mais fraca, ou seja, a nuvem fica mais escura. A dispersão cromática nas gotículas é responsável pelo arco-íris, que pode ser observado para uma determinada conjunção da direção de observação e do ângulo de incidência da luz do Sol.

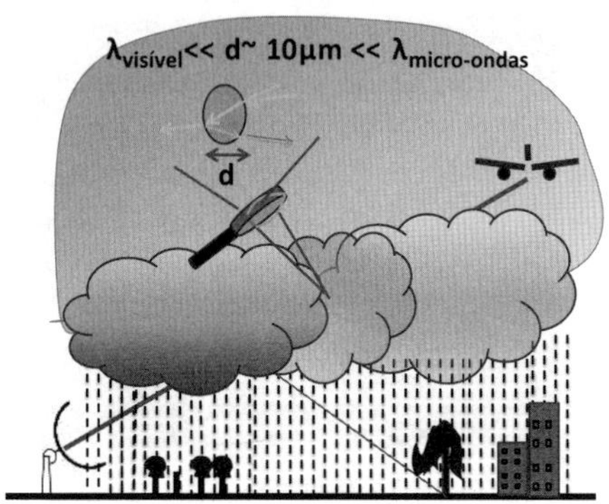

Figura XI-8 – Ilustração da propagação de micro-ondas em nuvens. O detalhe ilustra a interação das ondas luminosas com as gotículas de água que compõem as núvens.

CAPÍTULO XII

Interferência

Dentro do tópico de ondas eletromagnéticas, o termo interferência pode referir-se tanto a uma adição de ruído durante a propagação, prejudicando a qualidade do sinal, quanto ao resultado da superposição coerente das ondas emitidas por fontes distintas. O termo coerente significa que as ondas emitidas por estas fontes têm diferenças de fase constantes. Este é o sentido que demos no capítulo anterior e que seguiremos a dar neste capítulo, em que faremos uma análise mais quantitativa da interferência.

INTERFERÊNCIA DE DUAS FONTES

A Figura XII-1 ilustra um arranjo de duas antenas de dipolo, paralelas, e alimentadas por um único gerador, de modo a manter a diferença de fase entre elas constante. O campo de radiação de cada uma das antenas é máximo no plano perpendicular a elas, e vamos analisar o campo de radiação resultante produzido pelo par neste plano. Na região do campo distante, podemos considerar que o campo eletromagnético gerado por cada uma das antenas corresponde ao de uma onda plana, e que as linhas que unem cada uma delas ao ponto de observação (receptor) são paralelas. Os campos resultantes são devidos à superposição dos campos de cada uma das antenas.

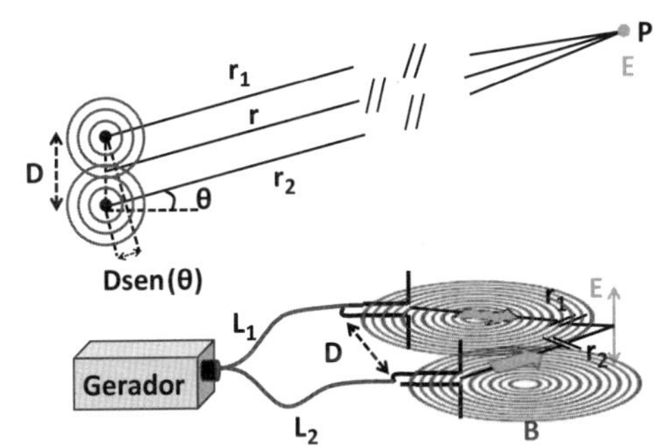

Figura XII-1 – Duas antenas de dipolo, paralelas, e alimentadas por um único gerador. As linhas de força dos campos magnéticos são ilustrativas, já que se deformam e não têm a forma circular nas regiões próximas às antenas. A parte superior é uma visão de topo do par de antenas. O ponto de observação corresponde ao campo distante: r >> D e r >> λ.

De acordo com as Equações (IX-15) ou (X-5), que fornecem, respectivamente, o campo de radiação de um dipolo oscilante ou de uma antena de dipolo curto, a amplitude deste campo depende de r_1 ou r_2. Entretanto, se estas distâncias forem muito maiores do que D, podemos aproximar $r_1 . \sim r_2 . \sim r$ e considerar que a *amplitude* máxima do campo elétrico de radiação das duas antenas no ponto de observação é a mesma, denotada por $E_0(r)$. A polarização do campo elétrico no ponto de observação é linear e tem a mesma direção das antenas (ou de oscilação dos dipolos) e podemos nos abster de usar a notação vetorial.

O campo elétrico de radiação de cada uma das antenas é então:

$$E_1 = E_0(r)cos(kr_1 - \omega t + \phi_1),$$

$$E_2 = E_0(r)cos(kr_2 - \omega t + \phi_2).$$

As distâncias r_1 e r_2 são mantidas nas fases porque, embora r_1 e $r_2 \gg \lambda$ podemos ter $r_2 - r_1 = Dsen(\theta) \sim \lambda$, afetando a superposição. Lembrando que $cos(A) + cos(B) = 2cos((A-B)/2)cos((A+B)/2)$, obtemos:

$$E = E_1 + E_2$$

$$= 2E_0(r)cos\left(\frac{kDsen\theta}{2} + \frac{\phi_1 - \phi_2}{2}\right)cos\left(kr - \omega t + \frac{\phi_1 + \phi_2}{2}\right) \tag{XII-1}$$

que corresponde a uma onda se propagando radialmente com uma amplitude $2E_0(r)cos\left(\frac{kDsen\theta}{2} + \frac{\phi_1 - \phi_2}{2}\right)$ que depende da posição angular onde está localizado o receptor.

A intensidade de radiação é dada pela Equação (IV-10):

$$I=\frac{\langle E^2\rangle}{2Z_0}=\frac{2E_0^2}{Z_0}cos^2\left(\frac{kDsen\theta}{2}+\frac{\phi_1-\phi_2}{2}\right)$$
$$=I_m cos^2\left(\frac{\pi Dsen\theta}{\lambda}+\frac{\phi_1-\phi_2}{2}\right), \qquad \text{(XII-2)}$$

onde $I_m=4I_0$ é a intensidade máxima do conjunto e I_0 a intensidade de cada uma das fontes.

FONTES EM FASE

No caso das fontes estarem em fase: $\Delta\phi=\phi_1-\phi_2=0$. Isto corresponde, por exemplo, a $L_1=L_2$ na Figura XII-1. A intensidade de radiação em função do ângulo de observação fica:

$$I=I_m cos^2\left(\frac{\pi Dsen\theta}{\lambda}\right). \qquad \text{(XII-3)}$$

A Figura XII-2 mostra o diagrama de radiação correspondente. Os máximos ocorrem quando $\pi Dsen\theta/\lambda=n\pi$, onde n=0, 1, 2... Existe um máximo central e o primeiro máximo ocorre quando $sen(\theta)=\lambda/D$. Os mínimos ocorrem quando $\pi Dsen\theta/\lambda=(n+1/2)\pi$, sendo que o primeiro deles ocorre quando $sen(\theta)=\lambda/2D$.

O diagrama de radiação muda significativamente dependendo da relação λ/D.

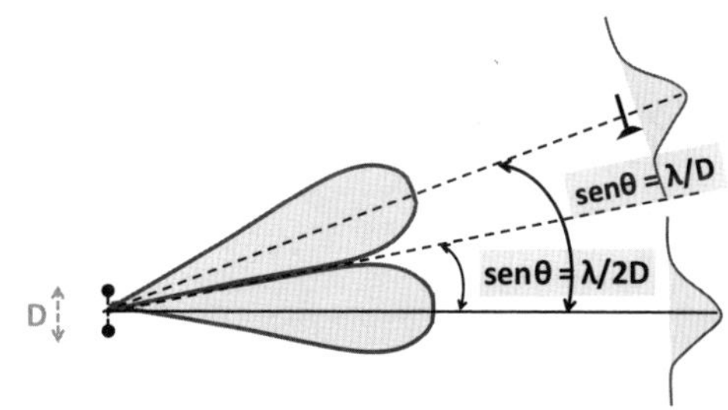

Figura XII-2 – Diagrama de radiação de um par de antenas de dipolo em fase. Vista de topo. As curvas da direita representam a amplitude do sinal no receptor.

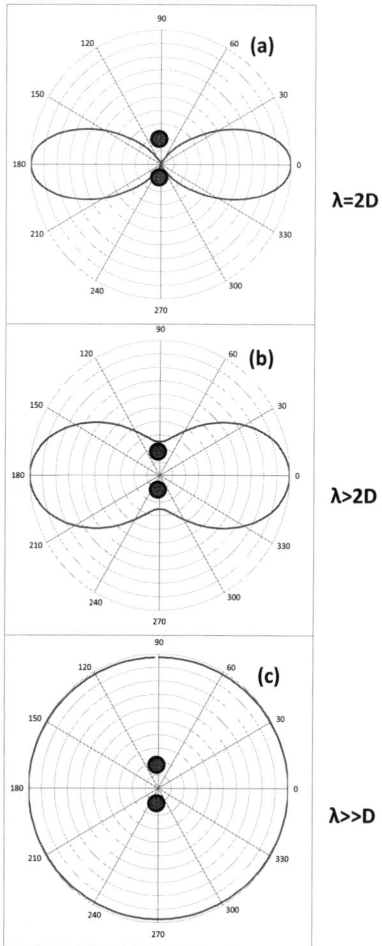

Figura XII-3 – Diagramas de radiação de um par de antenas para vários valores da relação λ/D. Vista de topo.

A Figura XII-3 ilustra os diagramas de radiação para os casos em que $\lambda = 2D$ (o primeiro mínimo ocorre para 90°), $\lambda > 2D$ (o primeiro mínimo ocorre para 90°, mas a intensidade não é nula) e $\lambda \gg 2D$, quando as duas antenas passam a ser vistas como uma única antena com intensidade igual ao dobro de cada uma delas, como indicado pela Equação (XII-2).

A comparação entre os casos (a) e (c) mostra que um par de antenas pode concentrar a energia irradiada em uma faixa angular mais bem definida do que a de uma única antena, que irradia igualmente em todas as direções neste plano. Caso se queira fazer a comunicação entre duas cidades, por exemplo, deve-se procurar concentrar a energia irradiada na linha que as liga, e não desperdiçar energia irradiando em outras direções. Veremos na próxima seção como a diretividade pode ser melhorada.

Quando $\lambda \ll D$, aparece um grande número de lóbulos. Este caso não tem aplicações relevantes na faixa de radiofrequência, mas, como veremos no Capítulo XIII, esta condição está relacionada com a experiência de Young na faixa óptica.

FONTES EM CONTRAFASE

Se $\Delta\phi = \pi$, as fontes são ditas estar em contra fase. Nesse caso, a Equação (XII-2) torna-se:

$$I = I_m sen^2\left(\frac{\pi D sen\theta}{\lambda}\right), \tag{XII-4}$$

e os máximos e mínimos ficam trocados com relação aos casos anteriores. A Figura XII-4 compara os diagramas de radiação para $\Delta\phi = 0$ e $\Delta\phi = \pi$. Esta mudança de fase faz uma rotação de 90° na direção para onde a energia deve ser irradiada. Considerando o arranjo da Figura XII-1, isto pode ser conseguido através de uma mudança no comprimento dos cabos. A diferença de fase é dada por $\Delta\phi = k\left(L_1 - L_2\right) = \dfrac{2\pi\left(L_1 - L_2\right)}{\lambda}$. Se $L_1 = L_2$, $\Delta\phi = 0$. Se $L_1 - L_2 = \lambda/2$, $\Delta\phi = \pi$. Assim, incluindo-se uma extensão de comprimento igual a $\lambda/2$ em um dos cabos de alimentação, é feita uma rotação de 90° na direção de irradiação sem que haja necessidade de acessar as antenas. Na prática, a diferença de fase necessária para fazer este tipo de rotação é obtida com circuitos eletrônicos e pode-se mudar a direção da irradiação, de L-O (Leste-Oeste) para N-S (Norte-Sul), por exemplo, com praticidade.

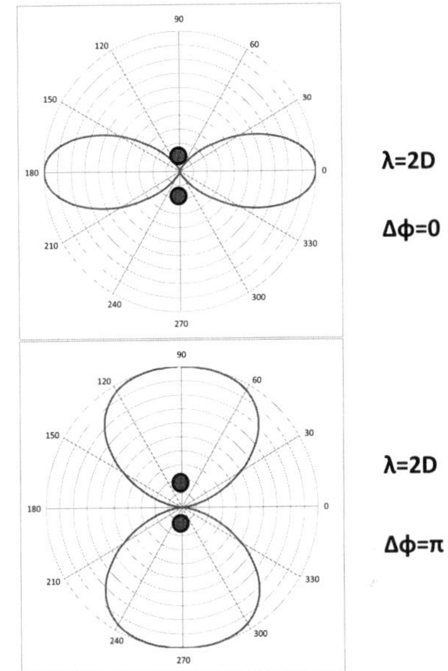

Figura XII-4 – Diagramas de radiação de um par de antenas de dipolo alimentadas em fase (painel superior) ou com uma diferença de fase de π (painel inferior). Vista de topo.

FONTES COM DIFERENÇA DE FASE DE $\Pi/2$

Algumas "mágicas" podem ser feitas explorando a interferência de duas fontes. A escolha apropriada da distância entre as fontes e a diferença de fase entre elas permite aumentar significativamente a direcionalidade do conjunto. Fazendo $D = \lambda/4$ e $\Delta\phi = \pi/2$ na expressão (XII-3), obtemos:

$$I = I_m cos^2\left(\frac{\pi sen\theta}{4} + \frac{\pi}{4}\right). \qquad \text{(XII-5)}$$

A Figura XII-5 ilustra esta condição em comparação ao caso anterior, em que as duas fontes estão em contra fase, isto é, $\Delta\phi = \pi$. A indicação Norte-Sul serve apenas para dar uma referência para o sentido da propagação. A energia que era igualmente distribuída nos dois sentidos, N e S, agora é praticamente direcionada no sentido S. Embora ocorra um alargamento do lóbulo, a diretividade aumenta bastante. Com esta escolha de D, λ e $\Delta\phi$, a radiação produzida pelo par de fontes resulta de uma interferência preferencialmente construtiva na direção S e preferencialmente destrutiva na direção N. Note que a direção N-S é a mesma do alinhamento das fontes. Se

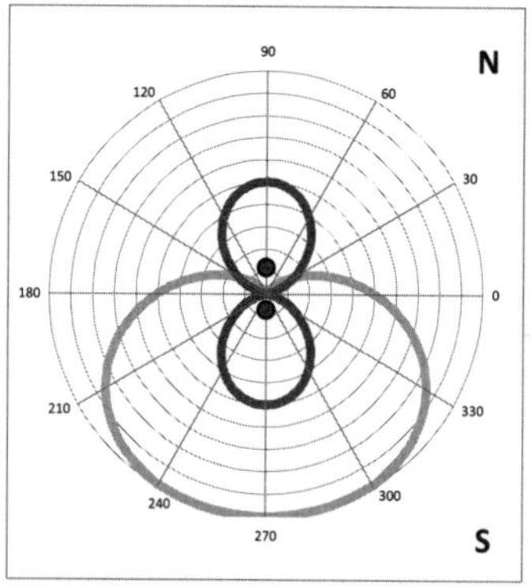

Figura XII-5 – Comparação entre os diagramas de radiação de duas fontes para $\Delta\phi = \pi$ (lóbulos estreitos) e $\Delta\phi = \pi/2$ (lóbulos largos). D = $\lambda/4$. Vista de topo.

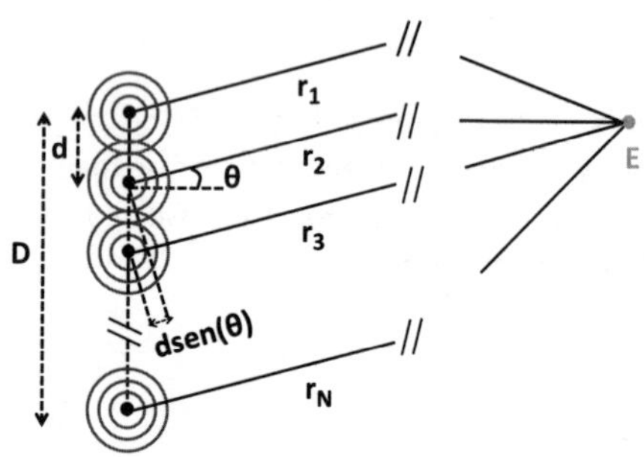

Figura XII-6 – Geometria para o cálculo da interferência de N fontes (antenas, osciladores) paralelas. O ponto de observação (receptor, detector) está muito afastado do conjunto de fontes (r_1, r_2,...r_N >> D).

$\Delta\phi = 3\pi/2$, o diagrama de radiação se inverte para o sentido N. Como no caso anterior, a mudança da diretividade pode ser feita por meio de uma simples mudança de fase na alimentação das antenas sem a necessidade de acessá-las.

INTERFERÊNCIA DE N FONTES

As diferentes escolhas de D, λ e $\Delta\phi$ na separação e alimentação de duas fontes, resultam nos mais variados diagramas de radiação que podem ser selecionados de acordo com alguma aplicação específica. O aumento do número de fontes aumenta este leque de possibilidades para os diagramas de radiação produzidos. Com escolhas apropriadas de N, D, λ e $\Delta\phi$ é possível enfatizar certas propriedades importantes, como a diretividade da radiação emitida.

Os campos resultantes da superposição de um número arbitrário, N, de fontes (antenas) oscilantes e paralelas, podem ser obtidos generalizando-se o procedimento utilizado para o caso de duas fontes. A Figura XII-6 ilustra esta generalização. As N fontes são separadas entre si pela mesma distância d, cobrindo uma extensão total $D = (N-1)d$. Podemos considerar ainda que existe uma diferença de fase $\Delta\phi$ entre cada uma delas. Para pontos de observação suficientemente distantes das fontes, r_1, r_2,...r_N >> D, e as linhas que unem as fontes ao ponto de observação podem ser consideradas paralelas. Nessas condições, o campo elétrico no ponto de observação pode ser escrito como:

$$E = E_0(r)\sum_{n=0}^{N-1} cos\left(kr_1 + nkdsen\theta + n\Delta\phi - \omega t\right).$$

A soma acima pode ser calculada com o auxílio da série

$$\sum_{n=0}^{N-1} cos\left(\alpha+n\beta\right)=\frac{sen\left(\frac{N\beta}{2}\right)}{sen\left(\frac{\beta}{2}\right)}cos\left(\alpha+\frac{\left(N-1\right)\beta}{2}\right). \qquad \text{(XII-6)}$$

Fazendo $\alpha = kr_1 - \omega t$, $\beta = kdsen\theta + \Delta\phi$ e $r = r_1 + \frac{D}{2}sen\theta$, obtemos:

$$E = E_0 \frac{sen\left(\frac{Nkdsen\theta}{2}+\frac{N\Delta\phi}{2}\right)}{sen\left(\frac{kdsen\theta}{2}+\frac{\Delta\phi}{2}\right)}cos\left(kr-\omega t+\frac{\left(N-1\right)\Delta\phi}{2}\right).$$

Repetindo os procedimentos anteriores, a intensidade de radiação produzida pelo conjunto pode ser escrita como:

$$I = I_0 \frac{sen^2\left(\frac{Nkdsen\theta}{2}+\frac{N\Delta\phi}{2}\right)}{sen^2\left(\frac{kdsen\theta}{2}+\frac{\Delta\phi}{2}\right)} = I_0 \frac{sen^2\left(\frac{N\pi dsen\theta}{\lambda}+\frac{N\Delta\phi}{2}\right)}{sen^2\left(\frac{\pi dsen\theta}{\lambda}+\frac{\Delta\phi}{2}\right)}. \qquad \text{(XII-7)}$$

É fácil verificar que, se N = 2, a Equação (XII-7) se torna equivalente à Equação (XII-2).

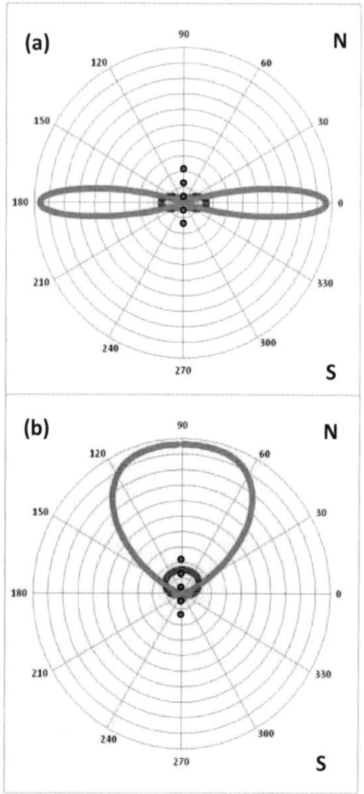

Figura XII-7 – Diagramas de radiação correspondentes a d = $\lambda/2$ e $\Delta\phi = 0$ (a) e a d = $\lambda/4$ e $\Delta\phi = 3\pi/2$ (b). O diagrama com lóbulos menores corresponde a N=2 e o com lóbulos maiores a N=5.

A Figura XII-7 compara duas escolhas para $N = 2$ (lóbulos menores) e $N = 5$ (lóbulos maiores). Na Figura XII-7(a) temos $d = \lambda/2$ e $\Delta\phi = 0$. Existe um aumento da diretividade na direção perpendicular ao alinhamento das fontes. Na Figura XII-7(b) temos $d = \lambda/4$ e $\Delta\phi = 3\pi/2$. Novamente ocorre um aumento de diretividade, com a intensidade da radiação direcionada para o *N*.

ARRANJO DE ANTENAS

Os exemplos anteriores deixam claro que a superposição adequada da radiação produzida por algumas antenas de dipolo pode resultar em interferências destrutivas e construtivas, em direções específicas, e servem para direcionar eficientemente a radiação emitida ou recebida. Lembre-se que, pelo teorema da reciprocidade, independentemente se a antena está sendo usada como transmissora ou receptora, o diagrama de radiação é o mesmo.

Arranjos de antenas são profusamente usados no cotidiano, podendo ser encontrados em residências, coberturas de edifícios, aeroportos, aeroplanos, mísseis etc. Cobrem a faixa de frequências de 55 a 300 MHz (TV analógica), 300 a 900 MHz (TV digital), e em uma ampla faixa de micro-ondas para comunicações e radares.

Um arranjo bastante popular é o Yagi-Uda (seus inventores foram os engenheiros Hidetsugu Yagi e Shintaro Uda). A característica interessante deste arranjo é que só tem um elemento ativo – uma antena de dipolo de meia onda – os demais tubos condutores são passivos e denominados de parasitas.

Como ela tem como princípio de operação conceitos básicos que estudamos neste capítulo, vale a pena entender seu funcionamento qualitativamente. O arranjo está ilustrado na Figura XII-8(a). A antena de dipolo é o único elemento alimentado externamente e produz ondas na direção do eixo da antena, tanto no sentido de transmissão como no sentido oposto. A uma distância de $\lambda/4$ da antena de dipolo é colocado um tubo condutor que age como refletor. A distância de $\lambda/4$ entre o refletor e o dipolo ativo corresponde a uma diferença de fase $\phi_1 = k\,\Delta l = (2\pi/\lambda)(\lambda/4) = \pi/2$. Na superfície do tubo refletor é produzida uma oscilação defasada de π do campo indutor, já que o campo transverso na superfície do condutor é nulo. A oscilação no refletor está então defasada de $3\pi/2$ em relação a oscilação do dipolo ativo e age como uma segunda antena com $\Delta\phi = 3\pi/2$, bastante direcional, como vimos nas seções anteriores. O campo refletido atinge o dipolo ativo com uma defasagem de 2π, isto é, em fase como o campo do dipolo ativo no sentido de transmissão. O refletor é o elemento básico da antena Yagi-Uda. Os demais elementos, tubos condutores denominados diretores, têm seus comprimentos (sempre decrescentes) e distâncias de separação determinados para se obter o máximo de diretividade. Note que os campos nos elementos da antena correspondem a campos próximos e não a campos distantes e são mais difíceis de calcular.

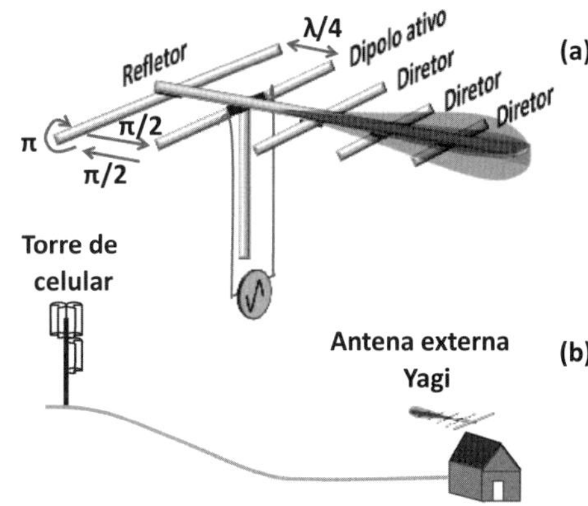

Figura XII-8 – (a) Ilustração da antena Yagi-Uda. O sentido de transmissão é oposto ao do refletor. Apenas o dipolo de meia onda é alimentado. Os demais elementos são condutores parasitas. (b) Uso da antena Yagi-Uda na recepção de telefonia celular domiciliar.

O arranjo de antenas é usado quando se deseja alta diretividade, como na recepção de telefonia celular em residências (Figura XII-8(b)). Este não é sempre o caso. Por exemplo, em veículos são usadas antenas simples de monopolo, para que a recepção não dependa da orientação do veículo.

INTERFERÊNCIA DE UM NÚMERO MUITO GRANDE DE FONTES PARALELAS E COERENTES

Quando $N >> 1$, podemos determinar o limite da Equação (XII-7) para as inúmeras fontes que se agrupam em uma extensão igual a D fixa, e com a distância entre elas tendendo a zero. Considerando $\Delta\phi = 0$ e fazendo $d \sim D/N \to 0$ no denominador, a Equação (XII-7) fica:

$$I = N^2 I_0 \frac{sen^2\left(\frac{\pi D sen\theta}{\lambda}\right)}{\left(\frac{\pi D sen\theta}{\lambda}\right)^2} = I_{max} \frac{sen^2\left(\frac{\pi D sen\theta}{\lambda}\right)}{\left(\frac{\pi D sen\theta}{\lambda}\right)^2}. \quad \text{(XII-8)}$$

A Figura XII-9 ilustra o diagrama de radiação e a dependência da intensidade com o parâmetro $\pi D sen\theta / \lambda$, ilustrando as intensidades relativas dos máximos principais e secundários. A Figuras XII-9(a) e XII-9(b) correspondem a $D = 3\lambda$ e as Figuras XII-9(c) e XII-9(d) a $D = 0,5\lambda$. O diagrama de radiação para este caso não difere muito daqueles correspondentes a um número finito de fontes.

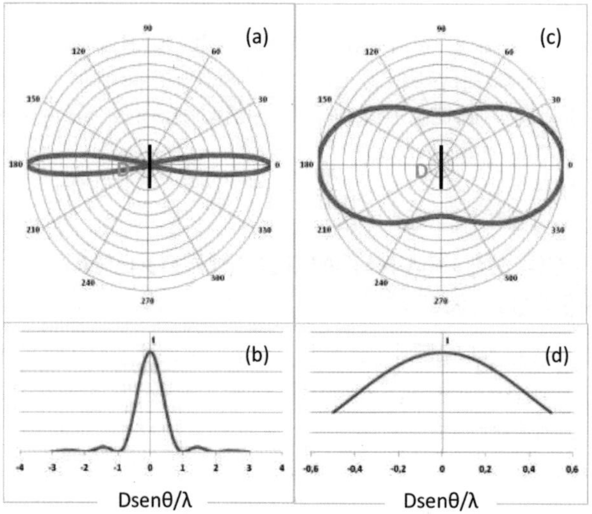

Figura XII-9 – Diagrama de radiação e gráfico da intensidade de um contínuo de fontes paralelas e coerentes agrupadas em uma distância D. (a) e (b) correspondem a D=3λ; (c) e (d), a D=0,5λ.

CAPÍTULO XIII
Difração

Nos capítulos anteriores, estudamos a interação das ondas eletromagnéticas com obstáculos (condutores e dielétricos) homogêneos, definidos por interfaces planas infinitas (dimensões muito maiores do que o comprimento de onda). Reflexão e refração foram estudadas nessas condições, em que as ondas incidente, refletida e refratada foram consideradas como ondas planas.

Quando o obstáculo apresenta dimensões finitas, ou irregularidades como pontas, quinas, fendas ou orifícios, a onda resultante se amolda a estas novas condições de contorno, e a consequência é que a onda se "esparrama" nas vizinhanças dessas irregularidades. Se a onda incidente é uma onda plana, a interação com este tipo obstáculo modifica a forma da frente de onda, incorporando as nuances geométricas do obstáculo na forma geométrica da nova frente de onda, que deixa de ser plana. Este comportamento (esparramar-se) denomina-se *difração* e ocorre com todo o tipo de ondas, sejam eletromagnéticas, mecânicas, acústicas etc. A difração é mais pronunciada quando o comprimento de onda é da ordem ou maior do que as dimensões do obstáculo. Assim como a reflexão e a refração, a difração também pode ser descrita como o resultado da interferência de inúmeras fontes pontuais.

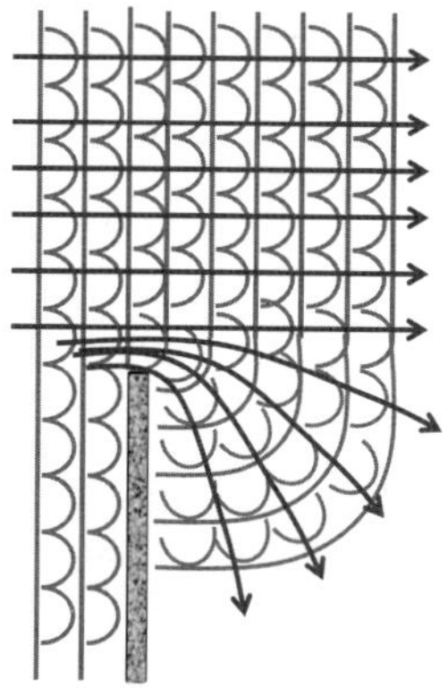

Figura XIII-1 – Princípio de Huygens aplicado à difração em um anteparo opaco semi-infinito. A onda incidente esparrama-se na borda do anteparo ao passar de um lado para o outro.

Figura XIII-2 – Ilustração da difração de ondas de radio nas bordas de uma elevação.

PRINCÍPIO DE HUYGENS-FRESNEL

No Capítulo XI (Figura XI-4), vimos que a superposição das ondas produzidas por um grande número de osciladores (fontes) distribuídos homogeneamente em um plano resultava em uma onda, também plana, cuja frente de onda é paralela ao plano dos osciladores.

Em 1678 Christiaan Huygens propôs um método intuitivo para descrever a propagação de ondas cuja analogia com o resultado acima é evidente. Huygens considerou que cada ponto de uma frente de onda consistia de uma fonte pontual cuja superposição gerava a frente de onda subsequente. A construção de Huygens foi aprimorada em 1816 por Augustin-Jean Fresnel, incluindo a possibilidade de ocorrer interferência.

A Figura XIII-1 ilustra o procedimento para uma onda plana incidindo em um anteparo opaco semi-infinito. Para pontos no plano do anteparo, mas afastados dele, a onda plana se propaga sem distorção. Na borda, a onda se distorce, esparramando-se, e propagando-se por trás do anteparo. Note que a construção indica que a borda atua como uma nova "fonte" aproximadamente pontual. A onda produzida por esta "fonte" interfere com a onda incidente quando a direção de observação é próxima à de incidência.

A difração de ondas eletromagnéticas por bordas pode ser observada no cotidiano, na transmissão e recepção de sinais de radiodifusão. A Figura XIII-2 ilustra uma antena transmitindo em uma região com topografia acidentada, com morros e ondulações. Para uma transmissão AM de, por exemplo, 1 MHz, o comprimento de onda é de 300 m. Este comprimento é da ordem de ondulações comuns em cidades como o Rio de Janeiro (o morro Dois Irmãos, nos limites do bairro do Leblon, tem 533 m) e a onda de radiodifusão nesta faixa de frequência, ao se esparramar, pode resultar em boa recepção nas residências que tenham o morro entre elas e a antena transmissora. Para TV digital, entretanto, com frequência de 300 MHz, o comprimento de onda é de 1 m e o morro age como um refletor. Neste caso, para garantir a cobertura para um maior número de residências, as antenas transmissoras devem ser mais numerosas e preferencialmente localizadas no topo das montanhas. As antenas receptoras devem estar na linha de visada da antena transmissora. O mesmo ocorre para a faixa de micro-ondas.

Fendas retangulares ou orifícios circulares, com dimensões da ordem do comprimento de onda, abertos em anteparos opacos, são comumente utilizados em instrumentos ópticos, tais como câmeras fotográficas, binóculos, microscópios ou telescópios. A capacidade do instrumento em produzir imagens nítidas fica prejudicada quando a onda se esparrama na região da fenda, Seu poder de resolução, isto é, a habilidade do instrumento de separar dois pontos próximos na imagem, é reduzida pela difração. Em muitos casos a difração é o principal fator que limita o poder de resolução.

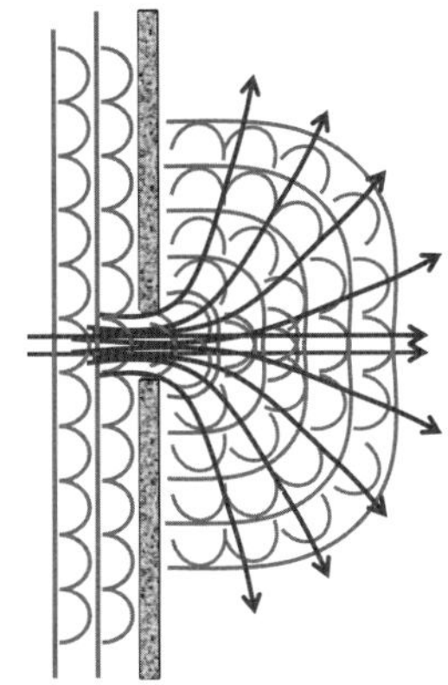

Figura XIII-3 – Construção de Huygens para a passagem de uma onda eletromagnética em uma fenda.

A Figura XIII-3 ilustra a construção de Huygens aplicada à difração em uma fenda. A observação visual da figura indica que, após a passagem pela fenda, as frentes de onda se dispersam com um formato similar às que seriam produzidas por uma fonte com formato e dimensão similar à fenda e situada na sua posição, como se fosse uma "tampa". O princípio de Babinet, descrito a seguir, dá forma a esta observação. A difração pode ser considerada de forma análoga à interferência devida a um grande número de fontes, situação já estudada anteriormente.

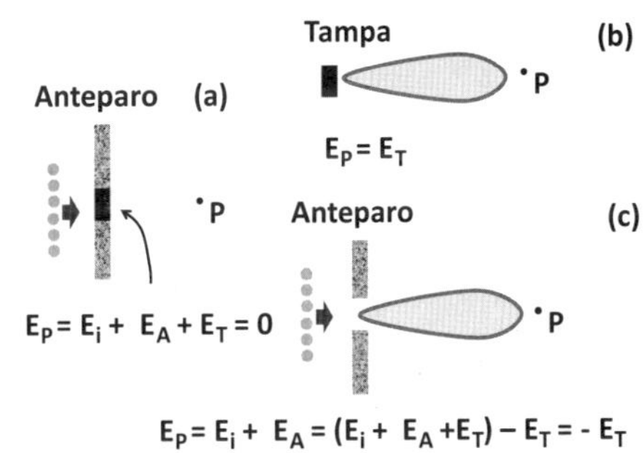

Figura XIII-4 – Princípio de Babinet. (a) Anteparo fechado. (b) Diagrama de radiação da tampa. (c) Diagrama de radiação da onda incidente ao atravessar a fenda.

O PRINCÍPIO DE BABINET

A Figura XIII-4 ilustra uma onda plana incidindo em um anteparo opaco (um condutor, por exemplo) no qual há uma fenda com uma tampa feita com o mesmo material do anteparo. Quando a tampa está inserida, o campo eletromagnético no ponto P, situado na parte posterior do anteparo, é nulo. Como foi visto anteriormente, este campo nulo pode ser considerado como sendo resultante da superposição do campo incidente com o campo de radiação produzido pelo anteparo e pela tampa Figura XIII-4(a). O campo de radiação produzido pela tampa no ponto P (Figura XIII-4(b)) corresponde ao de um número muito grande de fontes cuja intensidade é dada pela Equação (XII-8). Ao se retirar a tampa, o campo resultante no ponto P é dado pela superposição do campo incidente com o campo de radiação do anteparo e que é igual ao campo de radiação produzido pela tampa com o sinal trocado (Figura XIII-4(c)). Dessa forma, o diagrama de radiação na parte posterior de uma fenda iluminada por uma onda plana é o mesmo que o produzido pelo campo de radiação de uma tampa complementar com o mesmo formato geométrico da fenda. Isto torna o problema da difração similar ao da interferência de um grande número de fontes, conforme poderia ser induzido pela construção geométrica de Huygens-Frenel ilustrado na Figura XIII-3.

O argumento acima para determinar a intensidade do campo distante de uma fenda é baseado no pressuposto que a superfície do anteparo é plana, assim como a onda incidente, e que o movimento das cargas nas bordas da fenda e da tampa não se altera com a sua inserção ou remoção.

Se o comprimento de onda é menor do que as dimensões da fenda, a onda se esparrama pouco, o que corresponde a uma interferência construtiva predominante na direção de incidência da onda plana (Figura XIII-5(a)). Por sua vez, se o comprimento de onda é maior do que as dimensões da fenda, a onda se esparrama (Figura XIII-5(b)) e o diagrama de radiação aproxima-se ao de uma fonte pontual, situação obtida na prática para $\lambda \sim 10d$.

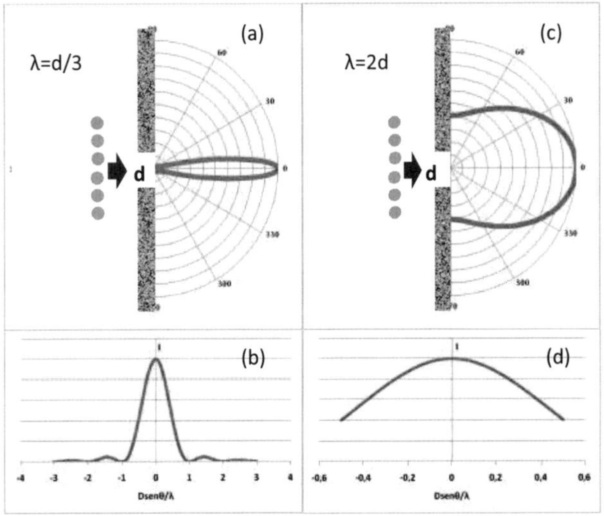

Figura XIII-5 – Ilustração do diagrama de radiação em uma fenda para (a) λ=d/3; e (b) λ=2d, onde d é a dimensão da abertura da fenda.

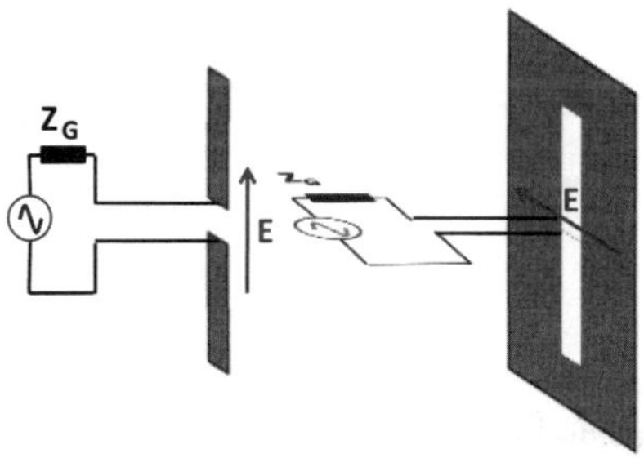

Figura XIII-6 – Antenas de dipolo duais. O diagrama de radiação é o mesmo para as duas antenas.

O princípio de Babinet foi generalizado para *produção* de ondas eletromagnéticas na região de radiofrequência por H. G. Booker, em 1946[7], introduzindo as antenas de Slot, hoje em dia amplamente utilizadas em radares e telefones celulares na faixa de micro-ondas de 1-30 GHz. A Figura XIII-6 mostra uma antena de dipolo, já estudada anteriormente, e a sua dual ou complementar, a antena de Slot. Esta última é constituída de uma chapa metálica (circuito impresso, por exemplo) com uma fenda única. Quando alimentadas da maneira indicada, os campos eletromagnéticos distantes das duas antenas são idênticos, exceto pelo fato de que os campos elétricos e magnéticos são trocados. O diagrama de radiação é o mesmo para as duas antenas. As antenas de

Slot são projetadas com uma grande variedade de formatos para se adaptar às dimensões do instrumento e otimizar a transmissão ou recepção do sinal na frequência de operação desejada.

DUPLA FENDA E EXPERIÊNCIA DE YOUNG

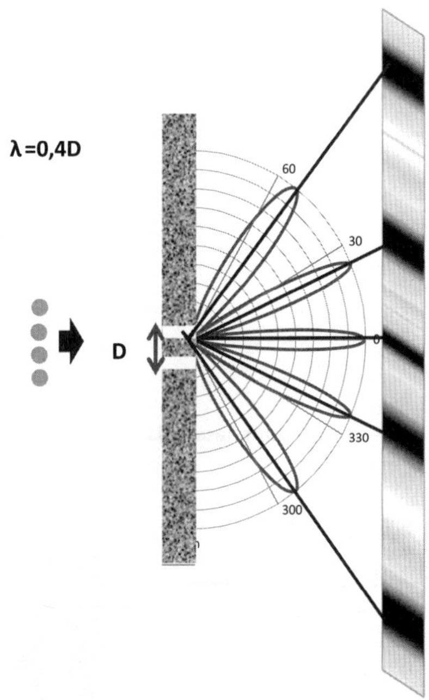

Figura XIII-7 – Experiência de Young. Interferência devido à incidencia de uma onda plana em um par de fendas para o caso em que λ=0,4D. A abertura de cada uma das fendas é bem menor do que o comprimento de onda (d~<λ/10).

Na seção anterior foi constatado que a radiação observada na parte posterior de uma fenda com $\lambda >\sim 10d$, iluminada por uma onda plana, é equivalente a uma fonte pontual devido à difração. Isto permite que o fenômeno da interferência discutido no Capítulo XII, possa ser observado utilizando-se uma única fonte iluminando duas fendas que satisfaçam a essa condição entre suas dimensões e o comprimento de onda. A Figura XIII-7 ilustra o arranjo, usualmente feito para a faixa óptica, quando os máximos e mínimos de intensidade podem ser observados pela projeção em um anteparo ou registrados por um filme fotográfico. O diagrama de radiação é o mesmo visto anteriormente e é dado pela Equação (XII-3). Experiências de dupla fenda são usualmente referidas como experiência de Young, em homenagem a Thomas Young que, em 1803, observou a interferência da luz e estabeleceu sua natureza ondulatória.

Como a forma do diagrama de radiação depende do comprimento de onda, a interferência de duas fendas separa cores quando a luz incidente é policromática. Esta separação dos comprimentos de onda pode ser acentuada utilizando-se um conjunto de N fendas (Equação (XII-7)), denominado rede de difração. Redes de difração são utilizadas em óptica quando se deseja decompor a luz policromática em suas componentes, com alta resolução.

CAPÍTULO XIV
Polarização

A superposição dos campos eletromagnéticos tem natureza vetorial. Nos capítulos anteriores analisamos a superposição quando os campos das diferentes fontes são linearmente polarizados e têm a mesma direção no espaço. Vamos tratar agora da superposição de campos com polarização arbitrária.

POLARIZAÇÃO PRODUZIDA POR DUAS ANTENAS ORTOGONAIS

A Figura XIV-1 ilustra duas antenas de dipolo ortogonais, alimentadas com sinais que têm uma diferença de fase constante. O campo elétrico de radiação em um ponto afastado, situado em uma linha ortogonal ao plano das antenas, e propagando-se na direção y pode ser escrito como:

$$\vec{\boldsymbol{E}} = E_{0x} cos\left(ky - \omega t\right)\hat{\boldsymbol{x}} + E_{0z} cos\left(ky - \omega t + \Delta\varphi\right)\hat{\boldsymbol{z}}, \qquad \text{(XIV-1)}$$

onde $\Delta\varphi$ é a diferença de fase entre os sinais de alimentação das duas antenas. A diferença de fase pode ser regulada eletronicamente ou pela diferença nos comprimentos dos cabos de alimentação: $\Delta\varphi = k\left(L_2 - L_1\right) = 2\pi\left(L_2 - L_1\right)/\lambda$.

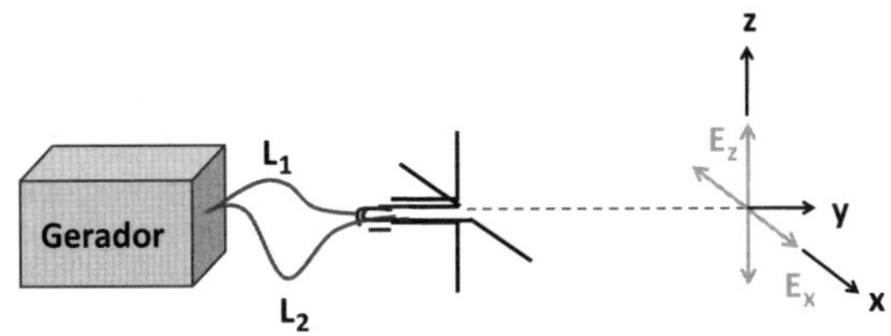

Figura XIV-1 – Campos de radiação de duas antenas de dipolo ortogonais. A polarização do campo resultante depende da diferença de fase do sinal que alimenta as duas antenas.

FONTES EM FASE: POLARIZAÇÃO LINEAR

Se $\Delta\varphi = 0$, a Equação (XIV-1) pode ser reescrita como:

$$\vec{E} = (E_{0x}\hat{x} + E_{0z}\hat{z})cos(ky - \omega t),$$

que corresponde ao campo elétrico oscilando na direção do vetor $(E_{0x}\hat{x} + E_{0z}\hat{z})$, conforme ilustra a Figura XIV-2. A onda é linearmente polarizada nesta direção.

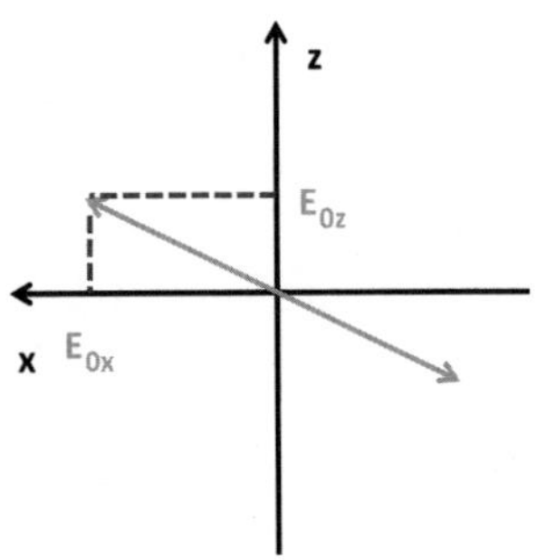

Figura XIV-2 – Polarização linear gerada por duas antenas ortogonais em fase.

FONTES DEFASADAS DE $\Pi/2$: POLARIZAÇÕES CIRCULAR E ELÍPTICA

No caso em que $\Delta\varphi = \pm\pi/2$, a Equação (XIV-1) fica:

$$\vec{E} = E_{0x}cos(ky - \omega t)\hat{x} \mp E_{0z}sen(ky - \omega t)\hat{z}. \qquad \text{(XIV-2)}$$

Vamos supor inicialmente que $E_{ox} = E_{oz} = E_o$. A Equação (XIV-2) fica:

$$\vec{E} = E_0[cos(ky - \omega t)\hat{x} \mp sen(ky - \omega t)\hat{z}]. \tag{XIV-3}$$

Neste caso, o módulo do campo elétrico é constante, independente do tempo: $|\vec{E}| = E_0$. O vetor campo elétrico, para um dado valor de y, evolui em círculos, e a onda resultante é denominada circularmente polarizada. A evolução do campo elétrico está ilustrada na Figura XIV-3 *vista por um observador olhando de frente para as antenas.* O sinal (+) na Equação (XIV-3) corresponde à Figura XIV-3(a) e a polarização é denominada circular à esquerda. O sinal (-) (Figura XIV-3(b)) corresponde à polarização circular à direita.

Se $E_{ox} \neq E_{0z}$ as duas amplitudes máximas não são iguais e a Equação (XIV-2) passa a representar uma elipse com os eixos maior e menor coincidentes com os eixos x e z, conforme ilustra as Figuras XIV-4(a) para $E_{0x} > E_{0z}$ e XIV-4(b), para $E_{0x} < E_{0z}$. Neste caso a onda é dita elipticamente polarizada. O caso mais geral para ondas elipticamente polarizadas ocorre quando $\Delta\varphi \neq 0$ ou $\pi/2$, e os eixos da elipse não coincidem com os eixos x e z de oscilação da fonte (Figura XIV-4(c)).

Note que para haver polarização, as duas antenas (fontes) devem ter uma diferença de fase bem definida entre elas. Em alguns arranjos utilizados em radiodifusão, as duas antenas são dispostas como na Figura XIV-1, mas alimentadas independentemente, sem nenhuma relação de fases entre elas. Isto é feito para aumentar as alternativas de posicionamento e alinhamento da antena receptora. Neste caso, para um ponto fixo do eixo y, o campo elétrico oscila aleatoriamente, tanto em módulo quanto em direção, no plano xz. Neste caso a onda é *não polarizada*. O mesmo ocorre quanto a radiação é originária de um conjunto muito grande de fontes independentes, como a luz do Sol ou luz de uma lâmpada incandescente.

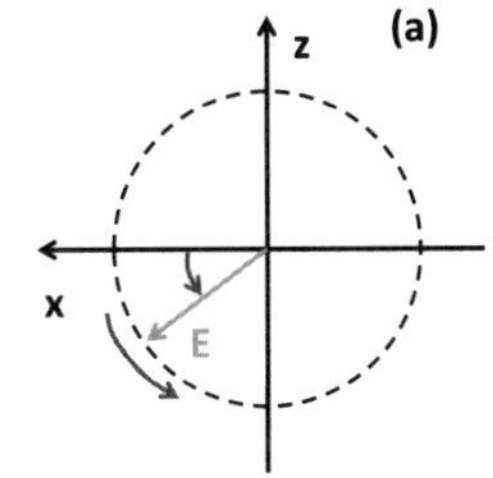

Polarização circular à esquerda

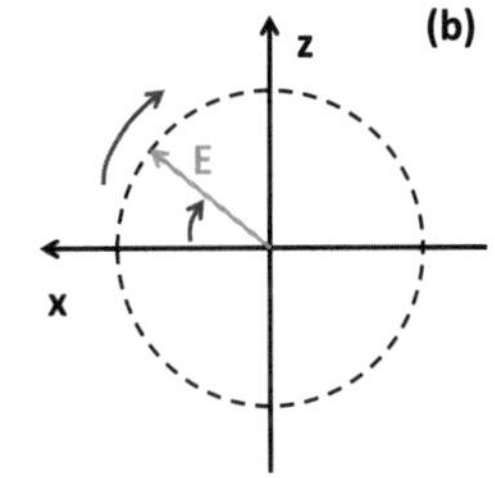

Polarização circular à direita

Figura XIV-3 – Polarização circular (a) à direita e (b) à esquerda. O observador está olhando na direção da fonte.

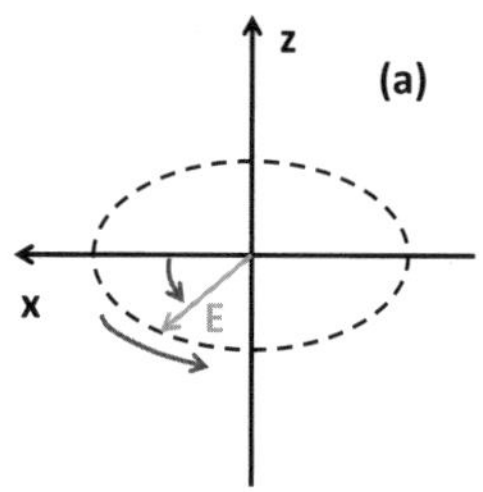

Polarização à esquerda

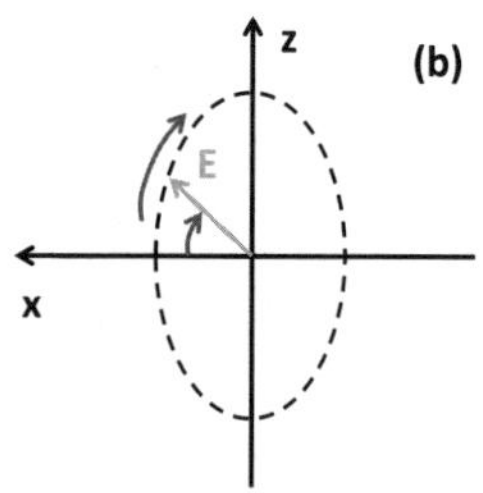

Polarização à direita

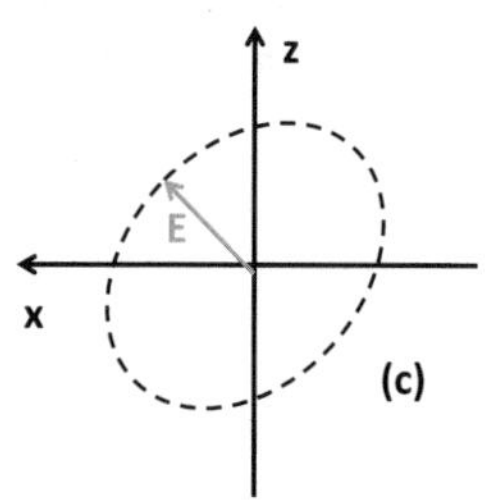

Figura XIV-4 – Ondas elipticamente polarizadas. O observador está olhando na direção da fonte.

A polarização linear, tanto horizontal quanto vertical, é comumente utilizada na radiodifusão (rádio FM ou TV). A polarização circular é utilizada em comunicação via satélite para, entre outras razões relacionadas a anomalias na ionosfera, compensar possíveis desalinhamentos entre a antena transmissora e receptora devido ao movimento do satélite e de rotação da Terra.

POLARIZADORES

Fora da região de radiofrequência é difícil obter fontes de radiação com controle da polarização. Usualmente a radiação com frequências acima do infravermelho são não polarizadas, originárias de várias fontes independentes e alinhadas de forma aleatória. Em algumas situações a polarização pode ser naturalmente observada, como no caso do espalhamento na atmosfera produzindo o azul do céu (Figura XI-7).

Quando este não é o caso, e se deseja obter ondas eletromagnéticas polarizadas, usa-se dispositivos denominados polarizadores. No Capítulo VIII verificamos que quando a radiação incide na interface com um dielétrico com o ângulo de incidência igual ao ângulo de Brewster, a onda refletida é linearmente polarizada. A polarização por reflexão é usada, por exemplo, em janelas de Brewster, para produzir luz polarizada na saída de um LASER.

POLARIZADOR DE FIOS

O *polarizador de fios* consiste em outra família de polarizadores, utilizados originalmente em experiências com ondas de rádio por Hertz. A Figura XIV-5 ilustra este tipo de polarizador quando usado na faixa de micro-ondas. Um conjunto de fios condutores paralelos de diâmetro "*a*" e com separação "*d* "entre eles é fixado em uma moldura isolante.

A radiação não polarizada incidente pode ser decomposta em uma componente paralela aos fios e outra perpendicular a eles. Se $a \ll d < \lambda/2$, a reflexão da componente paralela aos fios pode ser considerada como especular. Como ocorre com uma superfície condutora, o campo elétrico incidente (paralelo aos fios, neste caso) induz uma corrente nos fios, que reirradiam. A interferência construtiva produzida pelo campo de radiação do conjunto de fios interfere destrutivamente com a onda incidente na parte posterior do polarizador, resultando em um campo transmitido praticamente nulo. No semiplano de incidência a reirradiação pelo conjunto produz a onda refletida.

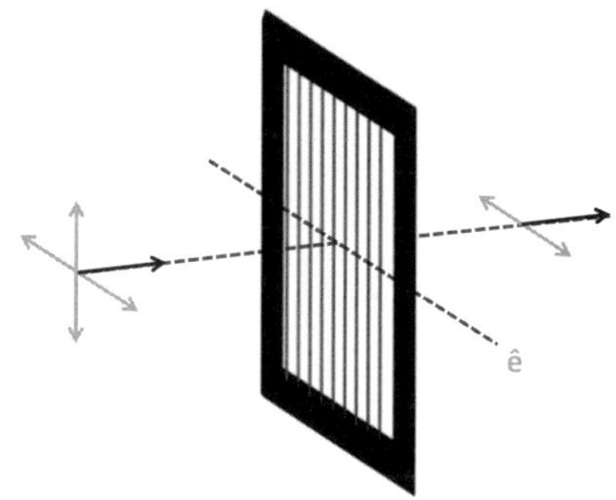

Figura XIV-5 – Polarizador de fios. A onda transmitida é linearmente polarizada na direção do eixo fácil, perpendicular aos fios condutores. A componente da onda incidente polarizada perpendicular ao eixo fácil é refletida.

Ao contrário do que ocorre com a componente paralela, a componente do campo elétrico perpendicular ao fio encontra um condutor muito curto, ocupando uma fração $a/d << 1$ do plano do polarizador. Isto gera uma reirradiação com baixa eficiência. Pela Equação (X-3), o campo de radiação de um fio é proporcional ao seu comprimento, o qual, na direção transversa de polarização, é muito curto. Nestas condições não há praticamente campo de radiação produzido na direção perpendicular aos fios e a onda incidente atravessa o polarizador sem interferências.

O resultado é que a onda incidente (não polarizada) é parcialmente refletida sendo a parcela transmitida polarizada na direção perpendicular aos fios, direção esta denominada *eixo fácil*.

Um arranjo similar, mas com finalidade diferente é usado como refletor parabólico. Em regiões com muito vento, refletores parabólicos de prato oferecem muita resistência ao vento, podendo se mover, perder o alinhamento, ou mesmo desabar. O refletor de grade (idêntico ao de fios) permite a passagem do vento evitando estes efeitos, conforme ilustra a Figura XIV-6. Este tipo de refletor atua tanto como um filtro polarizador quanto como um refletor. Neste último caso, mais utilizado na prática, ele só reflete ondas linearmente polarizadas na direção dos elementos da grade. Este tipo de antena é comumente utilizado na faixa de micro-ondas em redes de telefonia, sinais de TV entre cidades ou comunicação de dados.

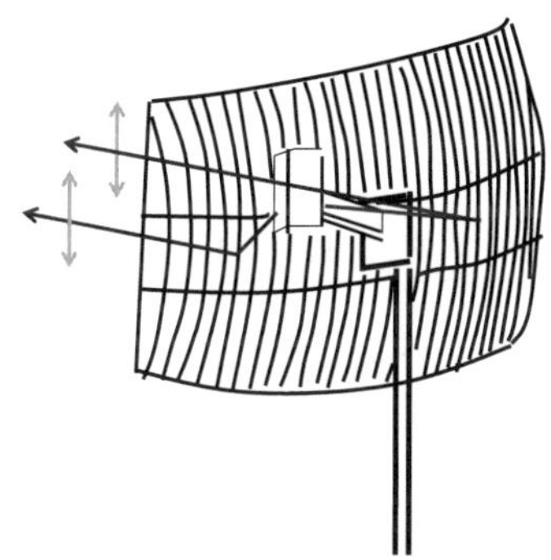

Figura XIV-6 – Refletor parabólico de grade. A onda proveniente da antena é refletida se a direção de polarização for perpendicular ao eixo fácil, isto é, estiver na direção das grades (fios).

POLAROID

A possibilidade de construir um polarizador conceitualmente idêntico ao polarizador de fios na faixa óptica foi explorada em 1938 por E. H. Land, inventor do Polaroid. Os fios condutores são, neste caso, constituídos por longas cadeias de hidrocarbonos paralelas, impregnadas de iodo, e alongadas em um substrato plástico. O iodo ligado às cadeias de hidrocarbono permite que elétrons de condução se movimentem apenas na direção das cadeias, formando fios condutores paralelos com distância de separação da ordem do comprimento de onda da luz visível. Placas ou filmes polarizadores são comumente utilizados em fotografias ou óculos de sol.

LEI DE MALUS

Consideremos uma onda linearmente polarizada incidindo, sob um ângulo θ, em um polarizador cujo eixo fácil coincide com o eixo z conforme ilustra a Figura XIV-7. A intensidade da onda incidente é dada por:

$$I_0 = \frac{E_0^2}{2Z_0}, \qquad \text{(XIV-4)}$$

onde E_0 é a amplitude máxima do campo elétrico incidente. Este campo pode ser decomposto em duas componentes ortogonais, nas direções x e z. Somente a componente z, paralela ao eixo fácil, atravessa o polarizador. Supondo que o polarizador seja ideal, isto é, não absorve radiação e elimina completamente a componente ortogonal ao eixo fácil, a intensidade que atravessa o polarizador é então:

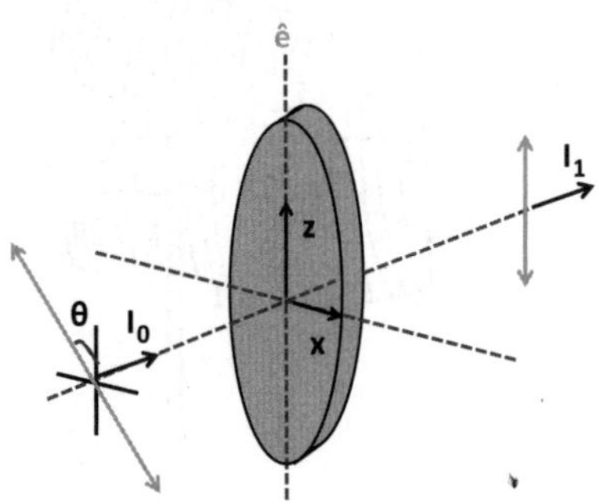

Figura XIV-7 – Polarizador. Geometria para ilustrar a Lei de Malus, que relaciona a intensidade transmitida com a incidente.

$$I_1 = \frac{\left(E_0 cos\theta\right)^2}{2Z_0} = I_0 cos^2\theta. \qquad \text{(XIV-5)}$$

Esta relação é denominada Lei de Malus e relaciona as intensidades transmitida e incidente, em função do ângulo de alinhamento entre o eixo fácil do polarizador e a direção de polarização do campo elétrico incidente.

Para uma onda não polarizada, o campo elétrico (genérico) pode ser decomposto como:

$$\vec{E} = \vec{E}_x + \vec{E}_z.$$

O módulo do vetor de Poynting é então:

$$\left|\vec{S}_0\right| = \frac{\left|\vec{E}_x + \vec{E}_z\right|^2}{Z_0} = \frac{\left|\vec{E}_x\right|^2 + \left|\vec{E}_z\right|^2}{Z_0},$$

cujo valor médio pode ser expresso como

$$\left\langle\left|\vec{S}_0\right|\right\rangle = \frac{\left\langle\left|\vec{E}_x\right|^2\right\rangle + \left\langle\left|\vec{E}_z\right|^2\right\rangle}{Z_0}.$$

Para uma onda não polarizada, $\left\langle\left|\vec{E}_x\right|^2\right\rangle = \left\langle\left|\vec{E}_z\right|^2\right\rangle$, logo,

$$I_0 = \frac{2\left\langle\left|\vec{E}_z\right|^2\right\rangle}{Z_0}.$$

Por sua vez, após o polarizador:

$$I_1 = \frac{\left\langle \left|\vec{E}_z\right|^2 \right\rangle}{Z_0} = \frac{I_0}{2}.$$

A intensidade de uma onda não polarizada é reduzida à metade após atravessar o polarizador.

BIRREFRINGÊNCIA

Lâminas polarizadoras transformam ondas elipticamente ou circularmente polarizadas em ondas linearmente polarizadas. O processo inverso é feito por meio de materiais anisotrópicos que apresentam birrefringência, isto é, dois índices de refração dependendo da direção de polarização. Papel celofane, ou alguns minerais como quartzo ou calcita, apresentam esta propriedade na faixa óptica. A anisotropia pode ser observada a olho nu em algumas madeiras, que são birrefringentes para a faixa de micro-ondas[8]. A Figura XIV-8 mostra uma placa de freijó, madeira natural da região amazônica, onde pode-se observar claramente a anisotropia, com as estrias (lenhos) organizando-se paralelamente em uma direção. A placa apresenta dois índices de refração diferentes: um quando a onda incidente é polarizada na direção das estrias (direção denominada eixo óptico), e outro quando a direção de polarização é perpendicular ao eixo óptico.

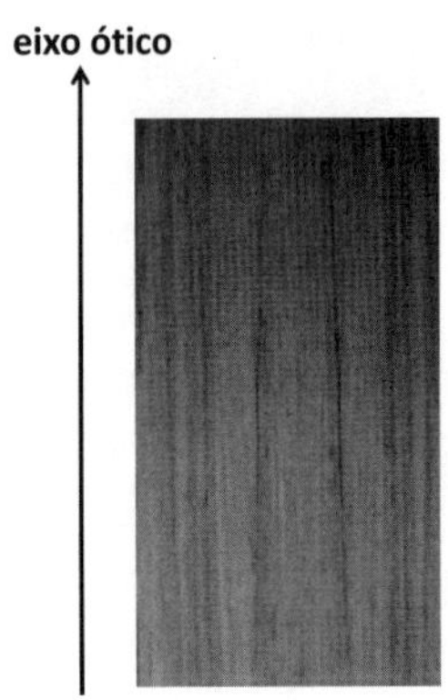

Figura XIV-8 – Placa de madeira freijó ilustrando a anisotropia do material, Estrias (lenhos) são formadas aproximadamente alinhadas em uma direção.

Com a espessura adequada, uma placa birrefringente transforma uma onda linearmente polarizada em uma onda elipticamente, ou circularmente polarizada. A Figura XIV-9 ilustra o procedimento. Se n_1 e n_2 são os índices de refração para a componente na direção do eixo óptico (direção z) e perpendicular a ela (direção x), respectivamente, e D a espessura da placa birrefringente, a diferença de fase após a passagem pela placa será:

$$\Delta\varphi = \left(k_1 D - k_2 D\right) = (n_1 - n_2) D 2\pi/\lambda \qquad \text{(XIV-6)}$$

onde $k = \omega/c = 2\pi/\lambda$ e λ é o comprimento de onda da radiação no vácuo. Para uma onda inicialmente linearmente polarizada, a onda na saída da placa será elipticamente ou linearmente polarizada se $\Delta\varphi = \pi/2$. Neste caso, obtemos a relação:

$$(n_1 - n_2) D = \lambda/4.$$

Este tipo de placa é denominado *transformador de quarto de onda*. Se o ângulo de incidência for $\theta = 45^0$, a onda resultante será circularmente polarizada. Para outros ângulos de incidência será elipticamente polarizada.

Inversamente, se uma onda circularmente polarizada incide em um transformador de quarto de onda, a onda emergente estará linearmente polarizada.

Deve ser observado que o transformador de quarto de onda não torna uma radiação não polarizada em uma polarizada. Para uma radiação não polarizada, o transformador acrescenta uma diferença de $\pi/2$ em fases originalmente aleatórias, que resultarão em uma onda emergente com fases igualmente aleatórias. Assim, uma radiação não polarizada incidente em um transformador de quarto de onda resultará em uma radiação também não polarizada.

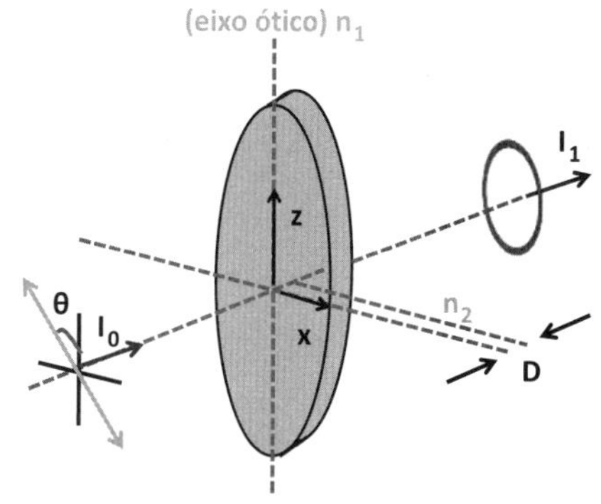

Figura XIV-9 – Ilustração do transformador de quarto de onda. A placa atravessada pela radiação possui dois índices de refração em direções ortogonais. Uma onda incidente linearmente polarizada a 45° com o eixo óptico resulta em uma onda circularmente polarizada na saída do transformador.

Referências

REFERÊNCIAS GERAIS

As referências listadas a seguir complementam o conteúdo do texto. Estão ordenadas de modo que as primeiras priorizam os conceitos e têm conteúdo mais básico, enquanto as últimas priorizam o formalismo e têm conteúdo mais avançado.

PURCELL, Edward M. *Berkeley Physics Course*. Educational Services Incorporated, 1965. v. 2: Electricity and Magnetism.

CRAWFORD JR., Frank S. *Berkeley Physics Course*. Educational Services Incorporated, 1965. v. 3: Waves.

FEYNMAN, Richard P.; LEIGHTON, Robert B.; SANDS, Matthew. *The Feynman Lectures on Physics*. Addison-Wesley Publishing Company, 1967. v. I e II.

ALONSO, Marcelo; FINN, Edward J. *Fundamental University Physics*. Addison-Wesley Publishing Company, 1967. v. II: Fields and Waves.

LORRAIN, Paul; CORSON, Dale R.; LORRAIN, François. *Fundamentals of Electromagnetic Phenomena*. W. H. Freeman and Company, 2000.

HECHT, Eugene. *Optics*. Pearson Education, 1988.

NUSSENZVEIG, Moysés H. Curso de física básica. São Paulo: Blucher, 1998. v. 4: Óptica, relatividade e física quântica.

GRIFFITHS, David J. *Introduction to electrodynamics*. Prentice Hall, 1999.

JORDAN, Edward C.; BALMAIN, Keith G. Electromagnetic waves and radiating systems. Prentice Hall, 1968.

JACKSON, John David. *Classical Electrodynamics*. John Wiley & Sons, 1962.

REFERÊNCIAS ESPECÍFICAS

As referências a seguir são aquelas numeradas no texto e destina-se ao leitor que procura se aprofundar em alguns tópicos:

[1] FARIA, José A. Brandão; RAVEN, Malcolm S. On the success of electromagnetic analytical approaches to full time-domain formulation of skin effect phenomena. *Progress in Electromagnetics Research M*, v. 31, p. 29-43, 2013.

[2] JESUS, Leonardo Rodrigues de. *Impedância e transferência de energia em sistemas físicos*. 2019. Dissertação (Mestrado em Ensino de Física) – Instituto de Física, Universidade Federal do Rio de Janeiro (IF-UFRJ), Rio de Janeiro, 2019.

[3] FONSECA, P.; SANTOS, A. C. F.; MONTENEGRO, E. C. A very simple way to measure coaxial cable impedance. *Revista Brasileira de Ensino de Física*, v. 29, n. 3, p. 373-375, 2007.

[4] Esta é uma dedução qualitativa de Lei de Hartley-Shannon que é base da teoria de informação. Uma descrição mais quantitativa pode ser encontrada em:

LATHI, B. P. *An introduction to random signals and communication theory*. International Textbook Company, 1968.

[5] Esta abordagem foi originalmente apresentada na sua versão relativística no artigo:

TESSMAN, Jack R.; FINNELL JR. Joseph T. Electric field of an accelerating charge. *American Journal of Physics*, v. 35, p. 523-527, 1967.

[6] FEARN, Heidi; JAMES, Daniel F. V.; MILONNI, Peter W. Microscopic approach to reflection, transmission, and the Ewald-Oseen extinction theorem. *American Journal of Physics*, v. 64, p. 986-995, 1996.

[7] BOOKER, H. G. Slot aerials and their relation to complementary wire aerials (Babinet's principle). *J. Inst. Elect. Engineers*, Part IIIA: Radiolocation, v. 93, n. 4, p. 620-626, 1946.

[8] ZIHERL, Saša; ČEPIČ, Mojca; BAJC, Jurij. Positive and negative birefringence of materials in microwave region. *American Journal of Physics*, v. 86, p. 110-118, 2018.